新手也能輕鬆
享受打皂生活

親膚手工皂
基礎實作講義

詳細收錄CP皂・MP皂・液體皂step by step製作流程×47款經典人氣手工皂配方

梅原亜也子

作皂人的另一種選擇

我深信一個正確的開端可以引發好的學習，我從2006年開始接觸手工皂，在當時參考書籍十分缺乏，而我的第一本參考書是日本前田京子小姐所著的《純天然手工皂》（繁體中文版），從此我心裡對於日本書籍的謹慎與專業埋下了信任與佩服的心。

一路走來10多年了，客觀地且深入鑽研與精益求精的初心一直不變，小小的成就讓出版社願意信任我，邀請我為本書進行審定。接到書稿之後，我戰戰兢兢地一字一句地研讀，希望能體會作者在製作與配方上的用心，也期望能正確傳達作者的要義。

近幾年，台灣手工皂蓬勃發展，無論創意、造型變化、技巧…… 都有長足的進步，絕不輸給日本。當我翻開書頁之後，看著書裡皂的造型與添加物，「以現今的觀點來看，實無太多勝出之處，但不同國度的習慣作法與應用……」這個聲音打破了我既有的思維，因此我在心裡小小聲地告訴自己：「是的，這樣也是可行……」。

書中的油品配方簡潔不複雜，正與我的觀念相通，只是在鹼的使用量上大幅地降低了比例，幾乎每個配方都減鹼大約15%，這麼高比例的減鹼的確是台灣手工皂創作者很少嘗試的。關於此點，作者並沒有多做闡述，而我想這是不同國家的習慣，畢竟日本的冬季乾且冷，不似台灣氣候的溫熱潮濕；配方中也甚少使用不耐氧化的油品，所以皂的壽命可以較長，而且北國的乾冷氣候， 皮膚在清潔上保持滋潤是重要的，大量的減鹼， 降低了皂的去脂能力，但也就相對提升了皂的滋潤力 。

另一點是，水的倍數大多使用鹼的2.7至3倍，這麼多的水分也是不同國度的習慣吧！水分在作皂的反應中除了起水解的作用，另一功能是提供皂分子結晶排列的空間，空間大一些的壞處是反應速率會變慢，好處是有良好的結晶排列位置，又何嘗不可！

浸泡油、純露、精油、植物粉的添加創造了香味與造型的豐富性，作者以謹慎的態度在添加量上比例不高， 這點倒是與台灣市場有著高度的相似性，成品僅有淡淡的香味， 有時甚至是只來自於浸泡油本身的香氣，淡雅與質感兼具的配方和造型的呈現，我想梅原小姐本身應該也是這種氣質吧！

在一個本土皂書量豐富的市場中，我著實佩服出版社出書的決心，這是剛拿到書稿的想法，當我一頁一頁地慢慢研讀之後，卻也觸動了自己作皂的初心。我想，在 學理之外，應兼具手作的熱情與溫度，簡單、質樸卻蘊含溫度，就 像日本文化一直以來給我的感覺。

衷心地推薦此書給台灣讀者，因為，這是作皂人的另一種選擇。

約瑟芬

Contents 目錄

1　溫柔呵護肌膚的手工皂配方

6　麥蘆卡蜂蜜皂
7　澳洲茶樹×檜木香氛皂
8　純橄欖油潤膚皂
9　乳油木果脂滋潤皂
10　山茶花油皂
11　金盞花皂
12　兒童用脫脂奶粉皂

2　取悅肌膚&身體的手工皂配方

14　奇亞籽×摩洛哥堅果油皂
15　薑×山金車浸泡油皂
16　紅礦泥大理石紋皂
17　歐石楠花草皂
18　玫瑰純露洗手液
19　葡萄籽油潔膚皂
20　玫瑰皂
21　玫瑰果油皂
22　酪梨油&甜杏仁油潤膚油
23　芝麻調味粉磨砂皂
24　抹茶薄荷皂
25　檸檬尤加利×澳洲茶樹礦泥皂
26　散沫花×山茶花洗髮皂
27　馬尾草洗髮皂

3　撫慰心靈的手工皂配方

31　迷迭香皂
32　聖約翰草皂
33　菩提花蜂蜜皂
34　抹茶薄荷×紅棕櫚油混合皂
35　薰衣草大理石花紋皂
36　紅棕櫚柑橘皂
37　天然鹽・海藻・礦泥皂
38　複方花香皂
39　香水洗手液
40　德國洋甘菊蜂蜜皂

4　便利的家事皂配方

42　番茄檸檬廚房用洗手皂
43　薰衣草寵物皂
44　小蘇打清潔皂糊
45　澳洲茶樹洗手液

5 節慶&季節的特製手工皂

48　快樂比翼鴿
49　情人節甜點
50　慶生
51　母親節
52　父親節
53　聖誕應景
54　賞花
55　貝殼
56　賞月
57　柚子

 7 製作手工皂的天然素材

84　植物油
88　精油
93　香草
94　自然素材

column

28　手工皂競賽得獎作品
46　手工皂的相關法律規定
58　手工皂常見Q&A 1
82　手工皂常見Q&A 2

 6 手工皂基本作法

60　手工皂的種類
61　動手製作CP皂
72　動手製作MP皂
74　動手製作液體皂
78　手工皂色票表
81　變更植物油的種類&用量
　　自由打造個人原創手工皂

本書的參照標記
（詳細步驟圖解參見P.60）

使用氫氧化鈉以冷製法（Cold Process）製作

使用皂基以熱融法（Melt Pour）製作

使用氫氧化鉀製作的液體皂

 洗臉適用　　 洗身體適用

 洗手適用　　 清潔打掃適用

引言

- -

手工皂的製作，集合了許多令人欣喜雀躍的過程。例如混合植物油＆鹼水後，透明液體在轉眼間變成乳白色，再逐漸轉變成卡士達醬般的濃稠狀態，簡直就像是同時進行化學實驗與烘焙甜點般的好玩！而在等待手工皂順利熟成的期間，雀躍中帶有一絲緊張的心情也是無與倫比的醍醐味。

「生活の木」手工皂講座的參加者中，不少人是由於自己或周遭親友有肌膚困擾才來報名。雖然在作皂材料的挑選，應該優先考量使用者的膚質，但隨著開始選擇個人喜愛的香味，構思大理石紋、馬賽克等色彩和設計後，作皂變得愈來愈有意思，手工皂在製作者的精心雕琢下，價值也隨之提高了。

親手打皂、等待熟成，最終順利完成夢寐以求的手工皂時，是那麼的令人欣喜若狂。手工皂擁有出類拔萃的舒適洗感，既能滋潤肌膚，香氣也有療癒的功效。除了自用之外，也很適合作為取悅重要之人的贈禮。因此，愈來愈多人第一次作皂就上癮，甚至表示「今後只能接受用手工皂了。」至於我本身更是使用手工皂超過十年，早已不再使用市售肥皂。

就算一次性製作數顆手工皂也能長久保存，收存擺放時還會自然散發怡人的芳香，美麗的花紋更是賞心悅目……

請務必挑戰自製手工皂！自製手工皂的成功守則在於計量、攪拌、切割等作業流程都要審慎地進行。

正因為生活忙碌，更應該悠閒地享受作皂時間；按部就班地作好每一項作業，謹慎＆愉快地進行——這就是打造優質手工皂的祕訣。

本書是2009年初版的增訂版。本次改版新增了眾所期盼的液體皂作法＆手工皂調色方式等內容。

盼在本書的協助下，世界上的每一塊手工皂都順利誕生。

梅原亜也子

1

溫柔呵護肌膚的
手工皂配方

獻給希望製作適合自己的手工皂
&親自挑選材料的你──
本章將介紹以高安全性材料製作的手工皂。
肥皂是每天都會使用的日用品，
試著找出&製作適合自己與家人肌膚的手工皂吧！

超市蜂蜜的保溼力&抗菌力

麥蘆卡蜂蜜皂

添加被譽為「療癒樹」的麥蘆卡樹花蜜，打造奢華手工皂。

除了食用之外，添加一匙作皂也OK！

不僅能替肥皂增添滋潤洗感，抗菌力也值得期待。

材料

皂模：f〔P.64〕
橄欖油…250g
椰子油…120g
棕櫚油…80g
澳洲堅果油…24g
橙花純露…166g
氫氧化鈉…60g
麥蘆卡蜂蜜（MGO15+為佳）…10g
德國洋甘菊精油…10滴
檀香精油…10滴
苦橙葉精油…10滴

※澳洲堅果油（Macadamia Nut）亦稱為
　夏威夷堅果油。

作法

1　依基本作法（P.66～）步驟 1 至 3，測量氫氧化鈉。

2　於基本步驟 4 中，將純露倒入氫氧化鈉的不鏽鋼
　　燒杯內。

3　依基本步驟 5 至 16 製作皂液。

4　依基本步驟 17 至 21，將完成的皂液倒入皂模中，
　　進行保溫。

5　依基本步驟 25 至 28，保溫固化後脫模切皂，晾
　　放 4 至 6 週等待熟成。

臉　體　手　家事

 潔淨肌膚的強力抗菌洗手皂

澳洲茶樹 × 檜木香氛皂

結合兩大知名強效抗菌精油的最強作皂配方。
醒腦的森林香氣不僅令人神清氣爽，且有除臭效果。

材料

皂模：a〔P.64〕
橄欖油…180g
椰子油…150g
棕櫚油…140g
純水…165g
氫氧化鈉…61g
澳洲茶樹精油…20滴
檜木精油…30滴
百里香精油…10滴
檸檬香茅精油…20滴

※雖然百里香有強效抗菌力，但肌
　膚刺激性強，若有相關顧慮可選
　擇不加。

作法

1　依基本作法（P.66～）步驟1至16製作皂液。

2　依基本步驟17至21，將完成的皂液倒入皂模中，
　　進行保溫。

3　依基本步驟25至28，保溫固化後脫模切皂，晾
　　放4至6週等待熟成。

※請勿用於洗臉＆身體。

以滋潤成分包覆乾燥肌膚

純橄欖油潤膚皂

僅使用橄欖油製作的單品油皂。
擁有溫柔包覆肌膚的舒適感＆洗後的潤澤感，
是廣受眾人喜愛的作皂配方。

材料

皂模：a〔P.64〕
橄欖油…250g
純水…88g
氫氧化鈉…29g

作法

1　依基本作法（P.66～）步驟 1
　　至 15 製作皂液。

2　依基本步驟 17 至 21，將完成
　　的皂液倒入皂模中，進行保溫。

3　依基本步驟 25 至 28，保溫固
　　化後脫模切皂，晾放 4 至 6
　　週等待熟成。

臉　體　手　家事

 cp

保護肌膚不受強烈日曬&乾燥侵襲

乳油木果脂滋潤皂

乳油木果脂是守護熱帶草原氣候女性肌膚，
免其受乾燥氣候&強烈日曬侵襲的油脂。
保溼效果卓越，且擁有滋潤洗淨感。

材料

皂模：a〔P.64〕
橄欖油…120g
椰子油…70g
棕櫚油…50g
乳油木果脂…20g
純水…91g
氫氧化鈉…33g

作法

1 依基本作法（P.66～）步驟 1 至 15 製作皂液（乳油
   木果脂也要加入混和油）。

2 依基本步驟 17 至 21，將完成的皂液倒入皂模中，
   進行保溫。

3 依基本步驟 25 至 28，保溫固化後脫模切皂，晾
   放 4 至 6 週等待熟成。

臉 體 手 家事

 嬰兒的稚嫩肌膚也能安心使用！

山茶花油皂

本作品使用的山茶花油主成分為溫和不刺激肌膚的油酸，
且儘量減少氫氧化鈉用量，以此打造低鹼性成分手工皂。
除了推薦給難以忍受刺激的高敏感族，也很適合作為嬰兒皂。

材料

皂模：e〔P.64〕
山茶花油…130g
純水…40g
氫氧化鈉…14g

作法

1 依基本作法（P.66～）步驟 1 至 15 製作皂液。

2 依基本步驟 17 至 21，將完成的皂液倒入皂模中，
　進行保溫。

3 依基本步驟 25 至 28，保溫固化後脫模切皂，晾
　放 4 至 6 週等待熟成。

※請儘快使用完畢。

溫和洗淨敏感肌膚

金盞花皂

金盞花能鎮定肌膚發炎症狀，促進肌膚再生，是敏感肌的得力幫手。
為更進一步發揮金盞花浸泡油的力量，因此額外運用「超脂」（參見以下作法）的手法。

材料

皂模：c〔P.64〕
橄欖油…250g
純水…88g
氫氧化鈉…29g
金盞花浸泡油…5g
乾燥金盞花…1g

作法

1 以剪刀剪碎乾燥金盞花。

2 依基本作法（P.66～）步驟 1 至 15 製作皂液（但步驟 8 時不添加金盞花浸泡油）。

3 皂液呈現 Trace 後，加入金盞花浸泡油（圖 a）。

4 加入 1 的乾燥金盞花 & 進行攪拌。

5 依基本步驟 17 至 21，將完成的皂液倒入皂模中，進行保溫。

6 依基本步驟 25 至 28，保溫固化後脫模切皂，晾放 4 至 6 週等待熟成。

超脂（Super fat）是指在皂液呈現 Trace 後添加油脂，利用殘留的油脂提昇肥皂保溼力的作法。

※請盡快使用完畢。

cp

讓小孩愛上洗手的法寶

兒童用脫脂奶粉皂

先將殺菌力優異的兩款手工皂以切模取形，
再與保溼滋潤的牛奶皂液一起凝固成皂。
試著挑選外觀討喜的切模，讓孩子樂在其中地自動洗手吧！

材料

皂模：d約2個・f約6個
　　　或g 約9個〔P.64〕
　　　喜歡的切模

橄欖油…120g

椰子油…80g

棕櫚油…40g

純水…84g

氫氧化鈉…31g

脫脂奶粉…1.5小匙

A：抹茶薄荷皂（P.24）
　　　…約40g

B：紅棕櫚柑橘皂（P.36）
　　　…約40g

作法

1　**A・B** 手工皂以喜歡的切模取形（P.38 圖 a）。

2　依基本作法（P.66～）步驟 1 至 15 製作皂液。

3　添加脫脂奶粉攪拌後，將少量皂液緩慢倒入皂模，再分別放入 1。

4　將 2 剩餘的皂液倒入皂模中，進行保溫。

5　依基本步驟 25 至 28，保溫固化後脫模切皂，晾放 4 至 6 週等待熟成。。

臉 體 手 家事

取悅肌膚&身體的
手工皂配方

在手工皂的原料植物油中，含有許多能取悅肌膚的成分。
若加入精油&乾燥香草，效果更是錦上添花。
本章除了介紹臉・手・身體適用手工皂之外，
還有洗髮用的手工皂唷！

 添加保持年輕的超級食物力量

奇亞籽×摩洛哥堅果油皂

此配方使用的奇亞籽富含抗氧化成分，
摩洛哥堅果油則取自生長在沙漠也不會枯死的超耐旱植物，
可謂替維持美貌量身訂作的手工皂。
製作時請將奇亞籽仔細磨碎再加入皂液中。

材料

皂模：f約3至5個（P.64）
橄欖油…250g
椰子油…120g
棕櫚油…80g
摩洛哥堅果油（阿甘油）…24g
純水…166g
氫氧化鈉…60g
奇亞籽…5g
乳香精油…15滴
廣藿香精油…20滴
檜油醇迷迭香精油…8滴

作法

1　以乳缽搗碎磨細奇亞籽（P.17 圖 a）。

2　依基本作法（P.66～）步驟 1 至 16 製作皂液。

3　加入 1 的奇亞籽。

4　依基本步驟 17 至 21，將完成的皂液倒入皂模中，進行保溫。

5　依基本步驟 25 至 28，保溫固化後脫模切皂，晾放 4 至 6 週等待熟成。

※請儘快使用完畢。

強健身心

薑×山金車浸泡油皂

添加薑粉&薑精油，辛辣的香氣具有激勵心神的作用。
並加入有效促進血液循環的山金車浸泡油，以期賦予身體溫暖及活力。

材料

皂模：f3至5個〔P.64〕
橄欖油…250g
椰子油…120g
棕櫚油…80g
山金車浸泡油…24g
純水…166g
氫氧化鈉…60g
薑粉…10g
薑精油…25滴
檸檬香茅精油…20滴
桉油醇迷迭香精油…20滴

作法

1 依基本作法（P.66～）步驟1至16製作皂液。

2 加入薑粉後攪拌均勻。

3 依基本步驟17至21，將完成的皂液倒入皂模中，進行保溫。

4 依基本步驟25至28，保溫固化後脫模切皂，晾放4至6週等待熟成。

※請勿用於洗臉。

以紅礦泥粉的功效清除多餘皮脂

紅礦泥大理石紋皂

添加了對於多餘皮脂的吸收力&吸附力皆佳的紅礦泥粉，
是相當適合油性肌膚的手工皂配方。
在此搭配有助於肌膚活性化的檜木精油&具有收斂緊緻效果的迷迭香精油。

材料

皂模：a〔P.64〕
橄欖油…120g
椰子油…80g
棕櫚油…40g
純水…84g
氫氧化鈉…31g
紅礦泥粉…1g
薰衣草精油…4滴
歐洲赤松精油…5滴
檜木精油…5滴
迷迭香精油…2滴
※製作身體沐浴皂時，精油量可加倍。

作法

1　依基本作法（P.66～）步驟1至14製作皂液。

2　當皂液呈現輕度Trace（圖a）時，即可停止攪拌。

3　將紅礦泥粉放入小容器中，舀入2大匙2的皂液（圖b）&進行攪拌。

4　在2中加入四種精油，攪拌均勻。

5　一邊倒入3，一邊以橡皮刮刀（以免洗筷代替亦可）粗略攪拌（圖c），畫出大理石花紋。

6　依基本步驟17至21，將完成的皂液倒入皂模中，進行保溫。

7　依基本步驟25至28，保溫固化後脫模切皂，晾放4至6週等待熟成。

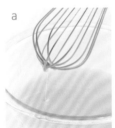

a

輕度Trace是即將進入Trace（P.69）前的狀態。此時若以打蛋器撈起皂液，皂液表面不會形成痕跡，還會從打蛋器上滴落下來。

b

以不鏽鋼量匙舀入皂液。

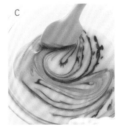

c

以橡皮刮刀粗略攪拌皂液&倒入皂模，便會呈現大理石花紋。

目標：成為戰勝紫外線的裸肌美人

歐石楠花草皂

天然歐石楠富含具有美白效果的熊果素。
藉由將預防黑斑＆雀斑的成分萃取入皂，
動手打造裸肌美人的手工皂吧！

材料

皂模：c〔P.64〕
橄欖油…180g
椰子油…50g
棕櫚油…30g
純水…91g
氫氧化鈉…32g
乾燥歐石楠…8g
天竺葵精油…7滴
玫瑰草精油…10滴
※製作身體沐浴皂時，精油量可加倍。

作法

1　以乳缽搗碎磨細 1g 乾燥歐石楠（圖a）。

2　純水倒入不鏽鋼鍋中加熱煮沸。

3　將剩餘的乾燥歐石楠放入茶壺中，再倒入 2（圖b）。

4　將量杯放上電子秤後歸零。以濾茶網過濾 91g 的 3 浸泡液至量杯中（圖c），若分量不足可另添補純水（分量外）。

5　將量杯浸泡於冷水中冷卻。

6　依基本作法（P.66～）步驟 2・3 測量氫氧化鈉。

7　於基本步驟 4 中將氫氧化鈉加入 5。

8　依基本步驟 5 至 15 製作皂液。

9　加入 1 的乾燥歐石楠＆兩種精油後，攪拌均勻。

10　依基本步驟 17 至 21，將完成的皂液倒入皂模中，進行保溫。

11　依基本步驟 25 至 28，保溫固化後脫模切皂，晾放 4 至 6 週等待熟成。

香草加入皂液攪拌前，必須先以乳缽搗碎。若想呈現花草皂的視覺效果請粗磨，重視使用舒適感則請細磨成粉狀。

以不鏽鋼鍋煮沸純水。使用琺瑯、耐熱玻璃材質的容器亦可。

純水會因為蒸發或被香草吸收而變少，所以一定要在秤上過濾＆測量浸泡液，再視分量來添補純水。

奢華添加玫瑰花瓣芳香精華的蒸餾水

玫瑰純露洗手液

以大量玫瑰純露取代純水的奢華液體皂。
心醉神迷的香味，讓心情也隨之絢麗。
預備給賓客來訪時使用一定會大獲好評喔！

材料

皂糊約350g
橄欖油…100g
椰子油…100g
玫瑰純露…100g
氫氧化鉀(85%)…53g
無水酒精…90g
　　追加無水酒精…30g

稀釋&增添香味
（每100g皂糊的對應用量）
玫瑰純露…100g
檸檬酸水…適量

作法

〔製作皂糊〕

1　依基本作法（P.75～）步驟 1 至
　　15 製作皂糊，唯一不同之處在
　　於以玫瑰純露代替純水。

2　依基本步驟 16．17 保溫 1 日。

〔稀釋&調香〕

3　參照皂糊的稀釋方法（P.77）步
　　驟 1，以玫瑰純露代替純水倒
　　入量杯測量，再加入皂糊測量。

4　依基本步驟 2 至 6 稀釋皂糊，
　　再移裝至其他容器。

純露
以水蒸氣蒸餾法製造精油過程所產生的芳香蒸餾水，是富含水溶性的芳香
成分。對肌膚刺激性低，具有穩定身心的作用。本書使用的純露除了玫瑰
之外，還有橙花（P.6）、迷迭香（P.31）和薰衣草（P.43）。

調整皮脂平衡・締造清爽肌膚

葡萄籽油潔膚皂

可為肌膚帶來清爽不黏膩的舒適洗後感。
並以檸檬香茅&薰衣草精油輔助調整皮脂平衡
&預防青春痘。

材料

皂模：b〔P.64〕
橄欖油…150g
椰子油…50g
棕櫚油…30g
葡萄籽油…30g
純水…91g
氫氧化鈉…32g
檸檬香茅精油…7滴
薰衣草精油…10滴
※製作身體沐浴皂時，精油量可加倍。

作法

1 依基本作法（P.66～）步驟1
至16製作皂液。

2 依基本步驟17至21，將完成
的皂液倒入皂模中，進行保溫。

3 依基本步驟25至28，保溫固
化後脫模切皂，晾放4至6週
等待熟成。

cp

以豐富的玫瑰精華，養護迷人細嫩肌

玫瑰皂

匯集香氣濃郁的玫瑰精華，
除了添加精油之外，更搭配純露＆乾燥香草，
打造出奢華馥郁的香氛手工皂。
能提高肌膚再生力，預防黑斑＆皺紋，是美肌好良伴。

材料

皂模：a〔P.64〕
橄欖油…180g
椰子油…40g
棕櫚油…30g
純水…58g
玫瑰純露…30g
氫氧化鈉…31g
乾燥粉紅玫瑰花…7g
大馬士革玫瑰精油…20滴
※製作身體沐浴皂時，精油量可加倍。

作法

1　將橄欖油＆粉紅玫瑰花放入玻璃瓶中。

2　以鍋子煮沸熱水（分量外）後，將1置入鍋中，以小火隔水加熱約1小時萃取精華。為了使材料充分受熱，請適時地攪拌熱萃油。

3　關火，待溫度不燙手後，另取一個調理盆蓋上紗布，將2由上方倒入盆內（圖a），再絞擰紗布擠出熱萃油（圖b）。

4　依基本作法（P.66～）步驟1至3測量氫氧化鈉後，在基本步驟4中添加純水＆純露，並依基本步驟5‧6製作鹼水。

5　依基本步驟7至10，加入椰子油、棕櫚油和3的熱萃油後攪拌均勻。

6　依基本步驟11至16製作皂液。

7　依基本步驟17至21，將完成的皂液倒入皂模中，進行保溫。

8　依基本步驟25至28，保溫固化後脫模切皂，晾放4至6週等待熟成。

準備一塊略大於調理盆的紗布，倒油時要小心避免潑灑出來。

用力擰乾紗布，過濾熱萃油。

臉　體　手　家事

賦予肌膚水嫩彈性

玫瑰果油皂

添加富含豐富維他命C和礦物質，保溼作用出類拔萃的玫瑰果粉。
並以乳油木果脂提高保溼力，賦予肌膚青春水嫩感。

材料

皂模：h〔P.64〕
橄欖油…95g
椰子油…50g
棕櫚油…50g
玫瑰果油…15g
乳油木果脂…10g
純水…77g
氫氧化鈉…28g
玫瑰果粉…1小匙

作法

1 依基本作法（P.66～）步驟 1 至 15 製作皂液（乳油木果脂也要加入混合油中）。

2 添加玫瑰果粉後攪拌均勻。

3 依基本步驟 17 至 21，將完成的皂液倒入皂模中，進行保溫。

4 依基本步驟 25 至 28，保溫固化後脫模切皂，晾放 4 至 6 週等待熟成。

賦予肌膚活力・抗老化

酪梨油×甜杏仁油潤膚皂

以保溼力優秀的油酸為基礎，
搭配富含維他命的酪梨油&甜杏仁油。
能幫助維持青春，歷經歲月的肌膚也能變得吹彈可破。

材料

皂模：a〔P.64〕
橄欖油…60g
椰子油…30g
棕櫚油…50g
甜杏仁油…20g
酪梨油…30g
可可脂…10g
純水…70g
氫氧化鈉…25g
檀香精油…5滴
乳香精油…5滴
天竺葵精油…7滴

※製作身體沐浴皂時，精油量可加倍。

作法

1 依基本作法（P.66～）步驟 1 至 16 製作皂液（可可脂也要加入混合油）。

2 依基本步驟 17 至 21，將完成的皂液倒入皂模中，進行保溫。

3 依基本步驟 25 至 28，保溫固化後脫模切皂，晾放 4 至 6 週等待熟成。

改善畏寒&肩痠・促進血液循環

芝麻調味粉磨砂皂

添加芝麻油、黑胡椒、薑精油等暖身成分，
並以黑芝麻取代磨砂，輔助促進血液循環。

材料

皂模：e2至3個〔P.64〕
芝麻油…180g
椰子油…50g
棕櫚油…30g
純水…91g
氫氧化鈉…32g
黑芝麻…½小匙
黑胡椒…2小匙
葡萄柚（FCF*）精油…20滴
薑精油…15滴

＊FCF=不含光敏性成分香柑內酯&
　呋喃香豆素的精油。

作法

1 以乳缽搗碎磨細黑芝麻（P.17圖a）。

2 依基本作法（P.66〜）步驟1至15製作皂液。

3 加入黑胡椒、1的黑芝麻和兩種精油，攪拌均勻。

4 依基本步驟17至21，將完成的皂液倒入皂模中，進行保溫。

5 依基本步驟25至28，保溫固化後脫模切皂，晾放4至6週等待熟成。

※請勿用於洗臉。

23

 抑止汗味的去味皂

抹茶薄荷皂

以殺菌力強、可抑止氣味吸附的抹茶
&散發清爽怡人薄荷氣味的胡椒薄荷精油雙管齊下，
特別推薦於炎炎夏日一舉消除惱人汗味。

材料

皂模：h〔P.64〕
橄欖油⋯100g
椰子油⋯100g
棕櫚油⋯60g
純水⋯91g
氫氧化鈉⋯35g
抹茶粉⋯1小匙
胡椒薄荷精油⋯35滴

作法

1 依基本作法（P.66～）步驟 1
至 15 製作皂液。

2 加入抹茶粉＆精油，攪拌均
勻。

3 依基本步驟 17 至 21，將完
成的皂液倒入皂模中，進行
保溫。

4 依基本步驟 25 至 28，保溫
固化後脫模切皂，晾放 4 至
6 週等待熟成。

※請勿用於洗臉。

清爽香味持久‧去味力一流的手工皂

檸檬尤加利 × 澳洲茶樹礦泥皂

選用尤加利家族中強效去味的檸檬尤加利，
並輔以富含礦物質&吸附力卓越的摩洛哥礦泥粉，
是敏感肌膚者也能安心使用的溫和去味皂。

材料

皂模：a〔P.64〕
橄欖油…120g
椰子油…80g
棕櫚油…40g
純水…84g
氫氧化鈉…31g
摩洛哥礦泥粉…1小匙
檸檬尤加利精油…20滴
澳洲茶樹精油…14滴

作法

1 依基本作法（P.66～）步驟1至
   15製作皂液。

2 將2大匙皂液舀入量杯（P.16
   圖a），再將摩洛哥礦泥粉&各
   半的兩種精油加入量杯，攪拌
   均勻。

3 將剩餘的兩種精油加入1內攪
   拌均勻。

4 將半量的3倒入皂模，再輕敲
   皂模排出空氣，整平皂液表面
   （圖a）。

5 將半量的2由上往下倒入皂
   模，並依4相同作法整平皂液
   表面（圖b）。

6 將半量的3倒入皂模，再倒入
   剩餘的2，最後將3全數倒入。
   共倒入五層皂液後，依基本步
   驟19至21進行保溫。

7 依基本步驟25至28，保溫固
   化後脫模切皂，晾放4至6週
   等待熟成。

確實拿穩皂模，
以免皂液傾倒潑
濺，再輕敲皂模
排出空氣。

務必將在皂液凝
固變硬前，儘速
倒入皂模中。

※請勿用於洗臉。

25

滋養受損秀髮的柔順洗後感

散沫花×山茶花洗髮皂

以山茶花油養護美麗黑髮，

並搭配能抑止頭皮屑＆瘙癢，且擁有保溼護髮效果的散沫花乾燥香草。

雖然是固態洗髮皂，但以雙手搓揉就能輕鬆起泡，

豐沛的泡泡會覆蓋住整頭秀髮喔！

材料

皂模：a〔P.64〕
椰子油…80g
棕櫚油…50g
山茶花油…120g
純水…90g
氫氧化鈉…33g
乾燥薰衣草…10g
乾燥迷迭香…10g
散沫花…3g
薰衣草精油…10滴
依蘭依蘭精油…5滴
胡椒薄荷精油…5滴

作法

1 依 P.17 步驟 2 至 5 相同作法，將乾燥迷迭香＆薰衣草製成 90g 的混合浸泡液。

2 依基本作法（P.66～）步驟 1 至 3 測量氫氧化鈉。

3 依基本步驟 4，將氫氧化鈉加入 1。

4 依基本步驟 5 至 15 製作皂液。

5 加入散沫花＆三種精油，攪拌均勻。

6 依基本步驟 17 至 21，將完成的皂液倒入皂模中，進行保溫。

7 依基本步驟 25 至 28，保溫固化後脫模切皂，晾放 4 至 6 週等待熟成。

散沫花（指甲花）
以散沫花的葉子風乾後磨成的粉末，自古以來就被當成染髮劑而備受珍視。殺菌作用優異，也有助保養頭髮。

臉 體 手 家事

推薦給用心呵護健康秀髮的你

馬尾草洗髮皂

使用方式同於P.26的固態皂。
馬尾草含有豐富礦物質和收斂作用，能保持秀髮健康。
迷迭香精油抑止頭皮屑及維持秀髮健康的功效也令人期待。

材料

皂模：e2至3個〔P.64〕
橄欖油…150g
椰子油…50g
棕櫚油…30g
甜杏仁油…30g
純水…91g
氫氧化鈉…32g
乾燥馬尾草…9g
天竺葵精油…10滴
澳洲茶樹精油…5滴
迷迭香精油…5滴

作法

1 以乳缽搗碎磨細 2g 乾燥馬尾草（P.17 圖 a）。

2 依 P.17 步驟 2 至 5 相同作法，將 7g 的乾燥馬尾草製成 91g 的浸泡液。

3 依基本作法（P.66 ～）步驟 1 至 3 測量氫氧化鈉。

4 依基本步驟 4 將氫氧化鈉加入 2，再依基本步驟 5・6 製作鹼水。

5 依基本步驟 7 至 15 製作皂液。

6 加入 1 ＆三種精油後，攪拌均勻。

7 依基本步驟 17 至 21，將完成的皂液倒入皂模中，進行保溫。

8 依基本步驟 25 至 28，保溫固化後脫模切皂，晾放 4 至 6 週等待熟成。

脫穎而出的手工皂大集合！
手工皂競賽得獎作品

本篇將介紹第15屆生活の木手工皂競賽的得獎作品。
本屆主題為「迎賓皂～款待重要人士的手工皂」，
以下是從來自各地的手工皂中，
以外觀、香味、切題性為評選標準所選拔出的傑作。
是不是僅憑作品外觀便能窺探出作皂的樂趣呢？

最優秀獎

罌粟籽磨砂橘子巧克力皂

尾崎ちえみ

「外觀像甜點般令人雀躍，使用時散發的酸甜柑橘香令人放鬆。用來迎賓，想必訪客也會欣然接受。」

●得獎理由／天然色彩×美麗的大理石花紋，皂上隨處可見精心巧思，是塊令人愛不釋手，完成度極高的佳作。

優秀獎　3 位得獎者

河童竭誠「歡迎你」

渡辺由佳

「將虛擬世界人物「河童」納入手工皂，以放鬆效果優異的香氣詮釋非現實的療癒空間。以雙手奉上對於彼此相遇的感謝。」

●得獎理由／任何人看到都會綻放笑容的手工皂。很符合主人想要開朗款待來客的感覺。

SAKURA

十島和美

「將在春天款待重要訪客的雀躍感比擬為櫻花。以紫蘇＆零陵香豆調合出櫻花香氣，再以大理石花紋展現滿開的櫻花盛況。」

●得獎理由／令人聯想到櫻花的零陵香豆×紫蘇香味，且整體視覺效果協調性極佳，彷彿可見櫻花花瓣漂浮在河面上的光景。

招待重要朋友的手工皂

高島智子

「獻給遠道而來的朋友。以散發薰衣草香味的滿滿泡沫，洗去朋友一路上的舟車勞頓和緊張，滿懷希望朋友舒適休息的心意。」

●得獎理由／兼具可愛及美麗的手工皂。華麗中又帶有令人放鬆的薰衣草香味，能感受到體貼朋友的真摯心意。

Kimono Soap
和風款待

內山靖子さん

「以櫻花&梅花圖樣的和服為設計概念,對外國訪客傳達『歡迎來到日本』的心意。除了苦茶油之外,也搭配了和風精油。」

●得獎理由/將和服的編織圖樣、刺繡及腰帶等不同素材表現得淋漓盡致,非常有趣的作品。

誕生寶石手工皂

木下和美

「以為訪客特製的誕生石手工皂,傳達我為他祈求幸福與健康的心意。」

●得獎理由/無論是配色效果、透明與白色肥皂的組合,都凸顯了創作者活用素材性質的高超技術力。

SP.ing Flower Soap

林惠雯

「使人聯想到春天的花香,並以花卉圖案展現華麗感。使用後也能欣賞到手工皂的圖案變化。」

●得獎理由/大理石花紋的柔美配色,佐以清爽的香氣,帶來如沐春風的感受。

花園

鎌田留瑠

「觀賞著去不了的花田並享受怡人香味,試想這是專屬你的花田吧!」

●得獎理由/花瓣和葉脈充分展現作皂者的植物觀察力。運用大量香草也很棒。

幸運四葉草

奧山果音

「我曾希望擁有一塊能招來幸運的手工皂。希望這塊手工皂,可以為世上所有人帶來幸福。」

●得獎理由/配色溫馨。無論是觀賞者還是使用者都會由衷地感到開心。

my soap

見手倉彩名

「為了讓款待不失自我風格,於是我親手捏製,並調入自己喜愛的沉靜舒心香氣。」

●得獎理由/手工細膩,富含情感。如花禮般楚楚動人。

Synchronized skating さくら

「這是我為了跟大家宣傳希望邁向世界花式滑冰錦標賽所製作的手工皂。」

●得獎理由/完成度連大人都自嘆不如。無論是配色、圖案等,整體協調性良好。

抹茶塔 坂入勇希

「因為我很喜歡抹茶&塔派,就以此為主題作皂。」

●得獎理由/費了很大一番功夫堆疊皂液,並使用大量香草,是奢華的甜點皂。

3

撫慰心靈的
手工皂配方

早晨以迷迭香提振心情，
夜晚以薰衣草的香味放鬆肩膀好好休息，
就算僅是清洗雙手，便能瞬間轉換當下的心情。
小小一塊手工皂，也能成為令你心安的好夥伴。

為肌膚&身心灌注滿滿活力

迷迭香皂

迷迭香能促使頭腦活性化，提高集中力&記憶力，以「返老還童香」的美譽而備受矚目。

本皂除了迷迭香精油&純露，

更添加了能促進血液循環、去除暗沉及緊實肌膚等功效的美容配方。

材料

皂模：a〔P.64〕
橄欖油…180 g
椰子油…50 g
棕櫚油…30 g
純水…61 g
迷迭香純露…30 g
氫氧化鈉…32 g
乾燥迷迭香…2 g
薰衣草精油…10滴
迷迭香精油…7滴
※製作身體沐浴皂時，
　精油量可加倍。

作法

1　以乳缽搗碎磨細乾燥迷迭香（P.17 圖 a）。

2　依基本作法（P.66～）步驟 1 至 3 測量氫氧化鈉。

3　依基本步驟 4 在氫氧化鈉中加入純水&純露。

4　依基本步驟 5 至 15 製作皂液。

5　加入 1 &兩種精油然後攪拌。

6　依基本步驟 17 至 21，將完成的皂液倒入皂模中，進行保溫。

7　依基本步驟 25 至 28，保溫固化後脫模切皂，晾放 3 至 4 日等待稍微熟成。

8　以喜歡的切模（P.38 圖 a）取型後，再晾放 4 至 6 週等待完全熟成。

找回內心平靜・恢復疲勞效果可期

聖約翰草皂

在皂內添加以緩解憂鬱情緒聞名的
聖約翰草浸泡油。
深度沉靜的香氣兼具減輕身體疲憊的作用。

材料

皂模：h〔P.64〕
橄欖油…120 g
椰子油…80 g
棕櫚油…40 g
純水…84 g
氫氧化鈉…31 g
聖約翰草浸泡油…5g
薰衣草精油…10滴
尤加利精油…10滴
甜馬鬱蘭精油…15滴
※製作洗臉皂時，精油量請減半。

作法

1 依基本作法（P.66～）步驟 1
   至 15 製作皂液（但基本步驟 2
   不要添加聖約翰浸泡草油）。

2 加入聖約翰草浸泡油&三種精
   油後，攪拌均勻（參見超脂作法
   P.11 圖 a）。

3 依基本步驟 17 至 21，將完成
   的皂液倒入皂模中，進行保溫。

4 依基本步驟 25 至 28，保溫固
   化後脫模切皂，晾放 4 至 6 週
   等待熟成。

※請儘快使用完畢。

撫平焦躁不安的柔和香味

菩提花蜂蜜皂

瀰漫優雅甜香的菩提花，
擁有使劍拔弩張情緒緩和平靜的力量。
除了菩提花的香草和浸泡液之外，還加入兩匙蜂蜜增添甜香。

材料

皂模：a〔P.64〕
橄欖油⋯120 g
椰子油⋯70 g
棕櫚油⋯50 g
純水⋯84 g
氫氧化鈉⋯31 g
乾燥菩提花⋯2 g
蜂蜜⋯2小匙
天竺葵精油⋯15滴
薰衣草精油⋯20滴
※製作洗臉皂時，精油量請減半。

作法

1 以隔水加熱的方式融化蜂蜜。

2 以剪刀剪碎 1g 乾燥菩提花。

3 依 P.17 步驟 2 至 5 相同作法，將 1g 的乾燥菩提花作成 84g 的浸泡液。

4 依基本作法（P.66～）步驟 1 至 6 製作鹼水。但是在步驟 4 時，在氫氧化鈉中添加 3 的浸泡液。

5 依基本步驟 7 至 15 製作皂液。

6 添加 1、2 及兩種精油後，攪拌均勻。

7 依基本步驟 17 至 21，將完成的皂液倒入皂模中，進行保溫。

8 依基本步驟 25 至 28，保溫固化後脫模切皂，晾放 4 至 6 週等待熟成。

※ 下圖是熟成後削成八角形的成皂。

抹茶薄荷 × 紅棕櫚油混合皂

將兩種熟成中的肥皂切碎＆搓圓後，
添加到原本平淡無奇的基底皂液中。
不僅外觀可愛討喜，還能同時享受柑橘＆薄荷醇的雙重芳香。

材料

皂模：c〔P.64〕
橄欖油…120g
椰子油…80g
棕櫚油…40g
純水…84g
氫氧化鈉…31g
A：紅棕櫚柑橘皂（P.36）…40g
B：抹茶薄荷皂（P.24）…40g
※加入的裝飾肥皂，以熟成2至3日的成皂
　最為理想。

作法

1　將手工皂 A 隨機刨成約 1 至
　2cm 的絲狀（圖 a），手工皂 B
　則搓揉成適當大小的皂丸（圖
　b）。

2　依基本作法（P.66～）步驟 1
　至 15 製作皂液。

3　當皂液呈現輕度 Trace（P.16 圖
　a）時，加入 1 的手工皂 A 細
　絲並稍作攪拌。

4　將半量的 3 倒入皂模。

5　將 1 搓圓的 B 皂丸隨機放入皂
　模中（圖 c），再將 3 剩餘的皂
　液倒入皂模，進行保溫。

6　依基本步驟 25 至 28，保溫固
　化後脫模切皂，晾放 4 至 6 週
　等待熟成。

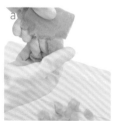

由於使用了尚未熟成的皂，
一定要戴乳膠手套進行作
業。以菜刀切絲也OK。

切成適當大小後，就像在玩
黏土般將皂塊搓圓。

在倒入半量皂液的皂模內，
放入裝飾皂。

令人放鬆的美麗大理石花紋

薰衣草大理石花紋皂

將天然礦物色粉添加少許皂液，渲染出薰衣草色後，
於作皂中途與皂液混和攪拌，製作大理石花紋。
請放鬆享受外觀＆香氣都很薰衣草的特製手工皂。

材料

皂模：a〔P.64〕
橄欖油…120 g
椰子油…80 g
棕櫚油…60 g
純水…90 g
氫氧化鈉…34 g
群青粉紅（色粉）
　…微量藥匙（P.80）1匙
群青藍（色粉）
　…微量藥匙 1匙
薰衣草精油…30滴
※製作洗臉皂時，精油量請減半。

作法

1　以精油溶解兩種色粉（圖 a）。

2　依基本作法（P.66～）步驟 1 至
　14 製作皂液。

3　當皂液呈現輕度 Trace（P.16 圖
　a）時停止攪拌。

4　將 1 大匙皂液舀入量杯內（P.16
　圖 b），加入 1 的色粉後充分攪
　拌均勻。

5　倒入 3 的同時，一邊以小橡皮
　刮刀（免洗筷也 OK）粗略攪拌
　出大理石花紋（P.16 圖 c）。

6　依基本步驟 17 至 21，將完成
　的皂液倒入皂模中，進行保溫。

7　依基本步驟 25 至 28，保溫固
　化後脫模切皂，晾放 4 至 6 週
　等待熟成。

a

在小碟中放入一種色粉，滴
入精油＆以玻璃棒等攪拌
至溶化後，再加入另一種色
粉，繼續混合攪拌。完成後
以保鮮膜包覆小碟，避免精
油的香氣流失。

以熱帶風情的芳香為心靈灌注能量

紅棕櫚柑橘皂

以令人聯想到太陽的橘色紅棕櫚油為基底，
結合南國花卉&熱帶水果的形象，締造心曠神怡且活力充沛的感受。

材料

皂模：a〔P.64〕
橄欖油…120g
椰子油…70g
紅棕櫚油…50g
蜜蠟…2g
純水…85g
氫氧化鈉…31g
佛手柑（FCF＊）精油…15滴
玫瑰草精油…10滴
依蘭依蘭精油…10滴

＊FCF＝不含光敏性成分香柑內酯
　&呋喃香豆素的精油。

※製作洗臉皂時，精油量請減半。

作法

1 依基本作法（P.66～）步驟1
　至11的手法，製作鹼水&
　混合油。

2 將蜜蠟放入小量杯中，添加
　少量混合油（圖a）後，隔水
　加熱融化。

3 進行至基本步驟12，將2倒
　入加熱至60℃的混合油中。

4 依基本步驟13至16製作皂
　液。

5 依基本步驟17至21，將完
　成的皂液倒入皂模中，進行
　保溫。

6 依步驟25至28，保溫固化
　後脫模切皂，熟成3至4日。

7 以喜歡的切模取型（P.38圖
　a），晾放4至6週等待熟成。

a

只加蜜蠟會難以融
化，所以要添加油
品再隔水加熱。讓
蜜蠟充分溶化於油
品中。

臉 體 手 家事

沐浴大海的恩惠・締造素淨清爽洗後感

天然鹽・海藻・礦泥皂

混合了富含礦物質的天然鹽＆海藻粉，
洋溢著海潮氣息般的清爽手工皂。
天然成分的礦泥粉會吸附髒污，使洗後的肌膚清爽、舒適。

材料

皂模：h〔P.64〕
橄欖油…120 g
椰子油…70 g
棕櫚油…50 g
純水…85 g
氫氧化鈉…31 g
蒙特石礦泥粉…1小匙
海藻粉…2小匙
蕁麻葉粉…1小匙
天然鹽（細顆粒）…3小匙
萊姆精油…15滴
廣藿香精油…9滴
綠薄荷精油…9滴

作法

1 依基本作法（P.66～）步驟 1
至 14 製作皂液。

2 當皂液呈現輕度 Trace（P.16
圖 a）時停止攪拌。

3 將皂液分成三等分，分裝至
量杯中。

4 在分裝的三杯皂液內各自加
入一種材料（蒙特石礦泥粉・
海藻粉・蕁麻葉粉），然後分別
攪拌均勻。

5 在三種皂液內分別加入 1 小
匙天然鹽＆三種精油各 1/3，
攪拌均勻。

6 依喜好順序將皂液倒入皂模
（P.25 圖 a・b），形成三層皂液
的狀態，再進行保溫。

7 依基本步驟 25 至 28，保溫
固化後脫模切皂，晾放 4 至
6 週等待熟成。

※請勿用於洗臉。

喚起快樂的心情

複方花香皂

依蘭依蘭、玫瑰草、天竺葵，調合三種令人聯想到南國的花系精油，
以芬芳甜香喚起幸福的感受。
並以粉紅色大理石花紋搭配心形切模，統一浪漫氛圍。

材料

皂模：a〔P.64〕
橄欖油…120 g
椰子油…80 g
棕櫚油…40 g
純水…84 g
氫氧化鈉…31 g
依蘭依蘭精油…15滴
玫瑰草精油…10滴
天竺葵精油…5滴
氧化鐵玫瑰棕（色粉）
　…微量藥匙（P.80）1匙
群青粉紅（色粉）
　…微量藥匙1匙
※製作洗臉皂時，精油量請減半。

作法

1 將兩種色粉分裝成 2 小碟，分
　別倒入半量精油混合溶解（P.35
　圖 a）。

2 依基本作法（P.66～）步驟 1
　至 14 製作皂液。

3 當皂液呈現輕度 Trace（P.16 圖
　a）時，停止攪拌。

4 在 1 的兩種色粉內分別舀入 2
　大匙的皂液，並充分攪拌均勻。

5 緩緩倒入 3 的同時，以橡皮刮
　刀（免洗筷也 OK）粗略攪拌，
　製造大理石花紋（P.16 圖 c）。

6 依基本步驟 17 至 21，將完成
　的皂液倒入皂模中，進行保溫。

7 依步驟 25 至 28，保溫固化後
　脫模切皂，熟成 3 至 4 日。

8 以喜歡的切模取型後（圖 a），
　再晾放 4 至 6 週等待熟成。

a

以切模取型時，務必戴上
乳膠手套。切模先浸油後
再使用，脫模會更加容
易。使用的切模高度，必
須超過成皂厚度。

臉 體 手 家事

 肌膚上的隱約餘香也令人回味無窮

香水洗手液

使用基本皂糊製作，於稀釋時添加香水。

除了挑選自己喜歡的香水之外，也推薦以久置不用的香水來製作。

調香時請依香水的濃淡程度自行斟酌用量。

材料

皂糊：約350 g
蓖麻油…150 g
椰子油…50 g
氫氧化鉀（85%）…47 g
純水…100 g
無水酒精…60 g　追加無水酒精…30 g

稀釋&增添香味
（每100g皂糊的對應用量）

純水…100 g
檸檬酸水…適量
香水（依喜好）…適量

作法

〔製作皂糊〕

1　依基本作法（P.75～）步驟 1 至 16 製作皂糊。

2　依基本步驟 17 至 18 保溫 1 日。

〔稀釋&調香〕

3　依皂糊的稀釋方法（P.77）步驟 1 至 6，稀釋皂糊。

4　加入適量香水&攪拌均勻後，倒入方便使用的容器中。

 引人酣然入睡 · 一夜好眠

德國洋甘菊蜂蜜皂

帶有微甜香辛料味的德國洋甘菊，
搭配蜂蜜的甜醇芳香，
可療癒焦躁緊張的疲憊心靈，引你舒適酣眠。

材料

皂模：a〔P.64〕
橄欖油…140g
椰子油…70g
棕櫚油…40g
純水…88g
氫氧化鈉…32g
乾燥金盞花…2g
德國洋甘菊粉…2g
蜂蜜…2小匙
苦橙葉精油…20滴
乳香精油…15滴

※製作洗臉皂時，精油量請減半。

作法

1 以剪刀剪碎乾燥金盞花（P.49圖a）。

2 將蜂蜜隔水加熱融化。

3 依基本作法（P.66～）步驟1至15製作皂液。

4 將2的蜂蜜、1的乾燥金盞花、德國洋甘菊粉和三種精油加入皂液中攪拌均勻。

5 依基本步驟 17 至 21，將完成的皂液倒入皂模中，進行保溫。

6 依基本步驟 25 至 28，保溫固化後脫模切皂，晾放 4 至 6 週等待熟成。

 臉 體 手 家事

便利的
家事皂配方

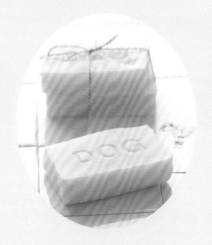

手工皂也能用於居家打掃＆廚房清潔等用途，
是生活中全方位的好幫手，
手工皂比起合成洗潔劑更容易被河川分解，
對環境友善也是其一大魅力，
特別符合崇尚天然的生活態度。
甚至也有寵物專用的手工皂配方呢！

 活用水果＆蔬菜成分

番茄檸檬廚房用洗手皂

以番茄汁打造賞心悅目的鮮豔色彩，
再搭配具有殺菌力的檸檬精油，廚房用洗手皂完成！

材料

皂模：a〔P.64〕
橄欖油…100g
椰子油…100g
棕櫚油…60g
無鹽番茄汁…91g
氫氧化鈉…35g
檸檬（FCF*）精油…20滴

＊FCF＝不含光敏性成分香柑內酯
＆呋喃香豆素的精油

作法

1 依基本作法（P.66～）步驟1
   至3測量氫氧化鈉。

2 進行至基本步驟4時，在氫
   氧化鈉中加入番茄汁。

3 依基本步驟5至16製作皂液。

4 依基本步驟17至21，將完
   成的皂液倒入皂模中，進行
   保溫。

5 依基本步驟25至28，保溫
   固化後脫模切皂，熟成3至
   4日。

6 以喜歡的切模（P.38圖a）取
   型後，再晾放4至6週等待
   熟成。

※請儘快使用完畢。

穩定心神的香氣・寵物&人均能安心使用

薰衣草寵物皂

添加具有殺菌消毒作用，溫和不刺激的薰衣草精油，
就連寵物也會欣然接受且能安心使用。
當然人也適用喔！持久的清爽香氣也是魅力所在。

材料

皂模：h〔P.64〕
橄欖油…150g
椰子油…45g
棕櫚油…25g
純水…52g
薰衣草純露…25g
氫氧化鈉…27g
薰衣草精油…20滴

作法

1 依基本作法（P.66～）步驟1至3測量氫氧化鈉。

2 進行至基本步驟4時，在氫氧化鈉中加入純水&純露。

3 依基本步驟5至16製作皂液。

4 依基本步驟17至21，將完成的皂液倒入皂模中，進行保溫。

5 依步驟25至28，保溫固化後脫模切皂，熟成3至4日。

6 以皂章替手工皂蓋上喜歡的文字（圖a），再晾放4至6週等待熟成。

a

想替手工皂添加文字時，以市售印章或藝術字體印章蓋壓於皂上即可。成皂熟成3至4天後，是最適合蓋章的時機。

cp

讓髒兮兮的水槽＆爐灶周圍煥然一新亮晶晶

小蘇打清潔皂糊

將平凡的手工皂壓削成泥後，加入小蘇打＆攪拌成漿糊狀，

對於去除水槽＆爐灶周圍的汙垢有顯著效果。

抗菌除臭力卓越的澳洲茶樹搭配尤加利的香味，連心情也獲得洗滌。

材料

皂模：果醬瓶罐等

純橄欖油潤膚皂（P.8）…30g

澳洲茶樹精油…5滴

尤加利精油…5滴

熱水…50g

小蘇打…25g

作法

1　以不鏽鋼叉子將手工皂壓削成泥狀（圖a）。

2　放入耐熱保存容器中，倒入熱水（圖b）後靜置15分鐘。

3　加入小蘇打＆兩種精油，充分攪拌均勻就完成了（圖c）！使用時，以牙刷沾取皂糊洗刷髒汙。當皂糊變硬後，可加水調整硬度。

小蘇打

　碳酸氫鈉。常用用途為發粉，安全性高，也被當作天然洗潔助劑來清洗餐具或衣物。

盡量削薄。

加入熱水。

添加小蘇打＆精油後，充分攪拌均勻。

用途廣泛・無論洗手或清掃都OK

澳洲茶樹洗手液

以液態皂糊製作，稀釋時添加澳洲茶樹精油，
便能打造具備抗菌力的洗手液。
若用於居家清潔，置身於屋內也能擁有清爽心情。

材料

皂糊：350g
椰子油…200g
氫氧化鉀（85%）…60g
純水…100g
無水酒精…60g
　　追加無水酒精…30g

稀釋＆增添香味
（每100g皂糊的對應用量）
純水…100g
檸檬酸水…適量
澳洲茶樹精油…20滴

作法

〔製作皂糊〕

1　依照基本作法（P.75～）步驟 1
　　至 16 製作皂糊。

2　依基本步驟 17 至 18 保溫 1 日。

〔稀釋＆調香〕

3　依皂糊的稀釋方法（P.77）步驟
　　1 至 5，先適量分裝糊基再加
　　以稀釋。

4　添加澳洲茶樹精油（圖a）後，
　　倒入方便使用的容器中。

a

添加精油是最後一道步
驟。液體皂與固體皂不同
之處在於可先分裝當日用
量，再隨心所欲添加喜歡
的精油。

手工皂的相關法律規定

※此頁資訊為日本相關規定，僅供參考。

自製手工皂
可以送人嗎？

根據日本法律（醫藥品醫療機器等法規）規定，肥皂被歸類為「化妝品」。因此「未經許可禁止擅自製造及贈與他人」，雖然自己使用沒有問題，但私人作皂贈送給不特定的多數人就不行了。

如果贈送他人的手工皂引發相關糾紛，法律上會追究相關責任，因此必須審慎評估贈送對象和狀況。

正如上述提到肥皂屬於「化妝品」，因此製造＆販售都必須經過日本厚生勞動省的核准。未經核准的產品不得進行販售，義賣會、跳蚤市場和網路上的買賣行為也涵蓋在內。申請核准須滿足各種條件，對個人而言門檻極高。

雖然在網路等平台上，也有賣家以「雜貨」的名義販賣手工皂，但販賣化妝品會牽涉到法律，要注意避免捲入意想不到的糾紛中。若聲稱手工皂有「消除皺紋」、「瘦身」等功效也屬於違法行為，務必格外留意。

可以販售自製的
手工皂嗎？

能不能一次製作
大量的手工皂？

如果想多作一些自己的配方皂，可以採用代工生產（OEM，Original Equipment Manufacturer）的方法，向化妝品業者下單，將手工皂產品化。雖然所費不貲，卻能從諮詢企劃階段開始著手，打造符合藥事法、得以製造＆販售的手工皂。當然也可透過上網搜尋到很多業者，但挑選和交涉需自行謹慎評估＆負責。

5

節慶&季節的
特製手工皂

嘗試為手工皂營造季節感，
或為特殊節慶錦上添花吧！
本章將介紹具有舒適使用感，
且兼具賞心悅目效果的裝飾手工皂。
於紀念日贈送給親人或密友，對方一定會欣喜接受的。

以成雙成對的心形皂祝賀新人永浴愛河

快樂比翼鴿

結合心形皂＆鴿子皂模，以**MP**皂作法輕鬆地完成製作。
粉紅皂洋溢著香草＆具官能刺激感的依蘭依蘭甜香，
藍皂則選用檸檬等充滿清新感的清爽香氣。

 材料A

MP皂模：心形1個／圖左
白色皂基…130g
氧化鐵玫瑰棕（色粉）
　　…微量藥匙（P.80）1匙
依蘭依蘭精油…9滴
天竺葵精油…6滴
香草精油…12滴
荷荷芭油…少量

手 家事
※請勿使用於臉和身體

材料B

MP皂模：心形1個／圖右
白色皂基…130g
群青藍（色粉）
　　…微量藥匙1匙
檸檬（FCF*）精油…12滴
薰衣草精油…6滴
胡椒薄荷精油…6滴
澳洲茶樹…6滴
荷荷芭油…少量
＊FCF＝不含光敏性成分香柑內
　酯＆呋喃香豆素的精油

※製作洗臉皂時，
　精油量請減半。

臉 體 手 家事

 作法　※材料A・B的作法相同。

1　依基本作法（P.73～）步驟1至2融
　化皂基後，將2大匙舀入小碟。再
　將每種精油的1/6量分別加入兩碟
　皂液中，充分攪拌均勻。

2　以每種精油的5/6量溶解色粉（P.35
　圖a）後，加入1的剩餘皂液中，充
　分攪拌均勻。

3　以荷荷巴油塗抹皂模，將1倒入鴿
　子皂模。

4　稍微凝固後，將2和剩餘的1接續
　倒入皂模中，並以玻璃棒輕輕攪拌
　製作大理石花紋，靜置2至3小時
　等待凝固。

5　待皂液凝固後，脫模乾燥3至4日。

特製巧克力皂獻給不愛甜點的他

情人節甜點

製作心形皂後，沾附上融化的可可粉皂液，
製作出猶如巧克力火鍋般逼真的甜點手工皂，
就連香氣也瀰漫著橘子&可可粉的甜香呢！

材料

MP皂模：心形10個
透明皂基…250g
白色皂基…250g
可可粉…15g
乾燥金盞花…5g
乾燥紅玫瑰…1g
甜橙精油…15滴
水…少量
荷荷巴油…少量

作法

1 依基本作法（P.73～）步驟1
  至2融化透明皂基，製作皂液。
  再添加精油&乾燥金盞花，充
  分攪拌均勻。

2 以荷荷巴油塗抹皂模，倒入1
  的皂液，靜置2至3小時等待
  凝固。

3 依1相同作法融化白色皂基，
  再將皂液對半分裝至兩個量杯
  中。

4 以水溶解可可粉&倒入3的其
  中一個量杯中，攪拌均勻。

5 待2的成皂凝固後脫模，自由
  沾附3的白色皂液&4的可可
  粉皂液，加以點綴裝飾（圖a）。

6 趁皂液尚未凝固前，以乾燥紅
  玫瑰點綴裝飾。

7 乾燥2至3日。

※請勿用於洗臉。

a

以竹籤刺起凝固的1成皂，
探入4的可可粉MP皂皂
液中進行裝飾。建議使用
寬口容器。

以手工皂取代生日花束

慶生

以香草甜香搭配肉桂風味，
打造氣味香甜可口的仿真甜點皂。
不妨比照生日蛋糕般擺盤，插上蠟燭送給壽星吧！

材料

皂模：a〔P.64〕
橄欖油…100g
椰子油…60g
棕櫚油…40g
可可脂…10g
純水…74g
氫氧化鈉…27g
肉桂粉…3g
甜橙精油…20滴
香草精油…10滴

作法

1 依基本作法（P.66～）步驟1至14製作皂液（可可脂也要加入混合油中）。

2 當皂液呈現輕度Trace（P.16圖a）時，加入兩種精油攪拌均勻。

3 將2/3的皂液分裝至量杯（P.16圖b）＆加入2g肉桂粉攪拌均勻，再倒入皂模中。

4 把1大匙皂液舀入小碟中，加入1g肉桂粉攪拌均勻。

5 將4倒入2，以橡皮刮刀（以免洗筷代替亦可）粗略攪拌，製作大理石花紋（P.16圖c）。

6 倒入3，作出雙層的效果（P.25圖a·b），進行保溫。

7 依步驟25至28，於保溫後脫模。先以不繡鋼叉子在表面劃出直紋，再進行切皂，並晾放4至6週等待熟成。

※請勿用於洗臉。

滿懷對於母親平日辛勤付出的感謝

母親節

獻上優雅的玫瑰造型手工皂，
贈送給希望青春永駐的母親。
內含能增添女人味的香草&天竺葵精油。

材料

MP皂模：玫瑰2個
白色皂基…100 g
氧化鐵玫瑰棕（色粉）
　　…微量藥匙（P.80）1匙
天竺葵精油…10滴
荷荷芭油…少量
※製作洗臉皂時，精油量請減半。

作法

1　以4滴精油溶解色粉（P.35圖a）。

2　作法（P.73〜）步驟1至2融化皂基，再將1/3的皂液分裝至其他量杯中。

3　以荷荷巴油塗抹皂模，將分裝的皂液倒入1，充分攪拌均勻後倒入皂模中。

4　在2剩餘的皂液內添加6滴精油，攪拌均勻後倒在3上面。

5　以玻璃棒輕輕攪拌出大理石花紋，靜置2至3小時等待凝固。

6　確實凝固後，脫模&再乾燥3至4日。

臉　體　手　家事

以檜木舒緩父親疲憊的身心

父親節

沐浴於檜木的香氣中，讓因為工作而疲憊的身心獲得解放。
除了抗菌除臭的作用值得期待之外，還添加了咖啡粉。
左皂使用透明皂基，右皂則使用白色皂基。請依喜好自由選擇。

材料A

皂模：h〔P.64〕／圖左
透明皂基…400 g
即溶咖啡粉…1小匙
蕁麻葉粉…1小匙
檜木精油…40滴
熱水…少量
荷荷芭油…少量
※製作洗臉皂時，
　A・B的精油量皆請減半。

材料B

皂模：c〔P.64〕／圖右
白色皂基…400 g
即溶咖啡粉…2小匙
蕁麻葉粉…1小匙
檜木精油…40滴
熱水…少量
荷荷芭油…少量

作法 ※材料A・B作法相同。

1 依基本作法（P.73～）步驟1至2融化皂基製作皂液，再以兩個量杯分裝各半的皂液。

2 一杯加入以熱水溶解的即溶咖啡粉，另一杯加入蕁麻葉粉＆精油，並各自充分攪拌均勻。

3 以荷荷巴油塗抹皂模後，將含有咖啡的皂液倒入皂模中，待皂液表層微微凝固後，再將蕁麻葉粉的皂液沿著皂模邊緣緩慢倒入皂模，使皂液全面覆蓋下層皂液，靜置2至3小時等待凝固。

4 待皂液凝固後脫模切皂，再乾燥2至3日。

 芳香沁人肺腑的派對迎賓花環

聖誕應景

一起來作造型&色彩豐富有趣的手工皂吧！
可以在盤子上擺飾成圓形花環作為迎賓皂，
或串線作成掛飾、裝飾聖誕樹都很繽紛美麗。

材料

MP皂模：聖誕應景皂模各6個

〔紅・綠・黃・褐皂〕
透明皂基…各60g

〔粉紅皂〕
白色皂基…60g

喜歡的精油…各12滴（1顆皂約2滴）

紅皂：薑黃粉…1/3小匙

綠色：蕁麻葉粉…微量藥匙（P.80）10

黃皂：乾燥金盞花…1小撮

褐皂：玫瑰果粉末…¼小匙

粉紅皂：紅礦泥粉…微量藥匙6匙

荷荷巴油…各少量

作法

※各色皂的作法相同。

1 依基本作法（P.73～）步驟1至2融化皂基，再添加精油充分攪拌均勻。

2 加入粉末（或礦泥粉、乾燥香草）攪拌。

3 以荷荷巴油塗抹皂模後，將2倒入皂模中，靜置2至3小時等待凝固。

4 皂液凝固後脫模取出。

5 其他色皂作法同步驟1至4，並於脫模後再乾燥3至4日。

※請勿用於洗臉。

 宣告春天到來的櫻花飛舞皂

賞花

發想自漫天飛舞的櫻吹雪。
在迎接盼望已久的春天之前，
搶先以清新甜香的手工皂發出預告吧！

材料

皂模：h（P.64）
橄欖油…120g
椰子油…80g
棕櫚油…40g
純水…84g
氫氧化鈉…31g
苦橙葉精油…10滴
乳香精油…10滴
複方花香皂（P.38）
　…40g

※製作洗臉皂時，精油量請減半。

作法

1　將複方花香皂各切成兩等分，一半切成細碎末，一半切成粗碎末。

2　依基本作法（P.66～）步驟1至15製作皂液。

3　添加兩種精油&1的細碎末，攪拌後倒入皂模。

4　加入粗碎末，並依基本步驟17至21入模&進行保溫。

5　依基本步驟25至28，保溫固化後脫模切皂，晾放4至6週等待熟成。

 臉 體 手 家事

詮釋夏季清涼感的柑橘系芳香

貝殼

在貝殼皂模內加入橘色金盞花花瓣創造視覺的流動感，
彷彿濃縮入照耀大海的夏日豔陽，
以清爽的柑橘系芳香，完美醞釀度假氛圍。

材料

MP皂模：貝殼2個
透明皂基…100g
乾燥金盞花…1小撮
檸檬（FCF*）精油…3滴
佛手柑（FCF*）精油…2滴
薰衣草精油…4滴
荷荷巴油…少量

*FCF＝不含光敏性成分香柑內酯＆
呋喃香豆素的精油

※製作洗臉皂時，精油量請減半。

作法

1 依基本作法（P.73～）步驟1至2融化皂基，並添
加四種精油充分攪拌均勻，製作皂液。

2 以荷荷巴油塗抹皂模後，倒入一半皂液。

3 加入乾燥金盞花。

4 待皂液表層微微凝固後，再倒入剩餘皂液，靜置2
至3小時等待凝固。

5 待皂液凝固後脫模取出，再乾燥2至3日。

將美麗的新月封存於皂中

賞月

將高掛在深秋夜空上的美麗月亮封存於皂內。
以在露天溫泉眺望夜空般的心境，
沉醉於瀰漫淡雅芳醇的薰衣草香氛中，享受療癒的沐浴時光。

材料

皂模：c〔P.64〕
透明皂基…150g
食用色素（液態）藍…8滴
薰衣草精油…35滴
純橄欖油潤膚皂（P.8）
　…長2×寬2×高8cm的
　　立方體
荷荷巴油…少量
※製作洗臉皂時，精油量請減半。

作法

1 以菜刀將純橄欖油潤膚皂切成圓柱體（圖a），再以小湯匙挖成新月形狀（圖b）。

2 依基本作法（P.73～）步驟1至2融化皂基，再加入精油＆食用色素攪拌均勻，製作皂液。

3 以荷荷巴油塗抹皂模後，倒入少量的2，再放入1固定位置。

4 將剩餘皂液緩慢倒入皂模中，靜置2至3小時等待凝固。

5 待皂液凝固後脫模切皂，再乾燥3至4日。

臉　體　手　家事

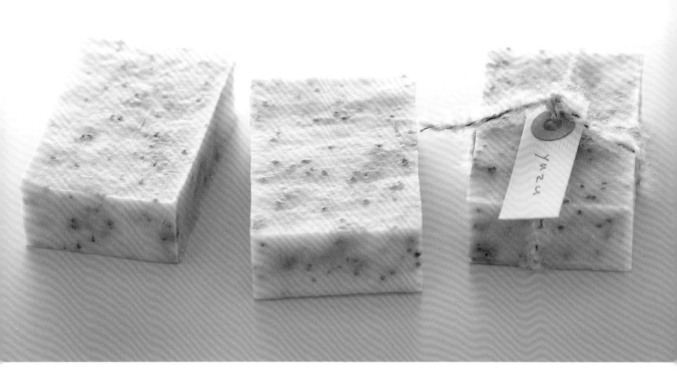

 冬天就以柚子來暖身吧！

柚子

以手工皂代替冬季風景詩的「柚子熱水澡」，享受冬天的醍醐味，
改善血液循環，讓身體暖呼呼吧！
除了精油之外，加入的柚子皮粉末也締造了恰到好處的磨砂感。

材料

皂模：a〔P.64〕
橄欖油…120 g
椰子油…80 g
棕櫚油…40 g
純水…84 g
氫氧化鈉…31 g
柚子皮粉末…2 g
苦橙葉精油…10滴
柚子精油（水蒸氣蒸餾法）
　…10滴

作法

1　依基本作法（P.66～）步驟 1 至 15 製作皂液。

2　加入柚子皮粉末&兩種精油後攪拌均勻。

3　依基本步驟 17 至 21，將完成的皂液倒入皂模中，
　進行保溫。

4　依基本步驟 25 至 28，保溫固化後脫模切皂，晾放
　4 至 6 週等待熟成。

※請勿用於洗臉。
※請儘快使用完畢。

手工皂常見 Q&A 1

Q

烹飪後的回收油可用來作皂嗎？

A 炸過天婦羅等炸物的食用油可以用來作皂。雖然作法與CP皂相同，但需要以咖啡濾紙等為油品濾除多餘雜質。關於回收油的配方比例，氫氧化鈉用量是回收油用量的13至15%，純水則為25%。但畢竟是用過的植物油，對於肌膚及情緒的有效成分及功效也難以保證，所以不建議用來洗臉或洗手，多半會製成洗衣皂或廚房用皂。

Q

氫氧化鈉有使用期限嗎？請告訴我氫氧化鈉過期的處理方式。

A 如果產品沒有標明使用期限，只要保管得宜（P.61）便能無限期使用。但存放過久的氫氧化鈉與純水攪拌產生的升溫效率，有時會比不上新品。當氫氧化鈉產生變質、製作鹼水無法升溫等情況，就要停止使用。至於處理方式，請洽詢地方自治團體&衛生機關，以適當方式處理。千萬別倒入自家排水孔，不然會傷到管線。

Q

剛完成的手工皂表面有白粉，是否會對使用上造成問題？

A 有時在熟成過程中，皂體表面會冒出白粉。白粉是氫氧化鈉形成的碳酸鈉，並不影響使用。只要使用幾次，皂體上的白粉就會消失，若在意也可以微削皂體表面。如果想避免皂體出現白粉，就得在作皂&熟成保溫的過程中留意溫度不能下降太多。

Q

以熱水溶解固態皂，就會變成液體皂嗎？

A 固態皂和液體皂的「鹼化」必要材料並不相同。固態皂使用氫氧化鈉，液體皂則使用氫氧化鉀。因此固態皂溶於水中只會變成黏糊狀，並不會成為液體皂。有關液體皂的製作方法，可參考P.74起的作法。

6

手工皂的
基本作法

本章將針對CP皂・MP皂・液體皂
以詳細圖文步驟進行基本作法的解說。
請備齊必要的材料＆工具，
把作法步驟牢記於腦海中吧！

手工皂的種類

本書共介紹CP皂‧MP皂‧液體皂三種手工皂的作法。
此三種皂的材料、作法和特性皆各不相同,以下將概略介紹其相異之處。

多彩多姿的正統派　CP皂

CP是冷製法(Cold Process)的縮寫。作皂方法是將氫氧化鈉加入植物油,使兩者產生「鹼化」的化學反應,再放置數週待其熟成。雖然作皂流程費時費事,卻能從基底植物油開始挑選,製作傳統固態肥皂。本書收錄作品絕大多數都是CP皂。但由於氫氧化鈉特性劇烈,請先充分了解製作方式&注意事項再動手製作。

▲作法P.61～

▲作法 P.72 至 P.73

簡單好玩　MP皂(透明‧白色)

MP則是採用Melt(融化)&Pour(灌注)的熱融法,將無香料的皂基加熱融化,並添加精油等物質後,倒入皂模中凝固成形的簡單手工皂。由於操作中不會使用氫氧化鈉,所以危險性低,亦不需要諸多作皂工具。而且靜置3至4天風乾後就能完成,可充分享受短時間內簡單作皂的樂趣。只要使用皂模或烘焙模具,便能創造出五花八門的形狀也是一大魅力。皂基本身即具有保溼效果,也可以添加喜愛的乾燥香草,或進行染色……愉快地享受千變萬化的作皂樂趣。

風靡萬眾簡單實用　液體皂

液體皂製程與CP皂相似。作皂特徵為捨棄氫氧化鈉,改以氫氧化鉀引起「鹼化」。請注意:固態皂溶解後並不會變成液體皂唷!液體皂在清洗身體、雙手及廚房清潔方面使用起來相當簡便,所以非常受歡迎。依個人喜好改變稀釋濃度或調配香味也非常自由。

▲作法P.74～

手工皂 Q & A

Q MP皂可以作出CP皂的香味嗎?

A 即使皂基的原料成分與CP皂不同,也可以製作出同樣的香味。以微波爐將MP皂的皂基加熱融化後,加入CP皂作法的精油配方&乾燥香草,待皂液重新凝固成型就大功告成啦!

以氫氧化鈉作皂的正統派

動手製作CP皂

將純水＆氫氧化鈉加入植物油內生成「鹼化」反應的作皂方法。
由於氫氧化鈉特性劇烈，請務必備妥必要材料＆作皂工具，並詳讀本篇後再動手製作。

CP皂的基本材料

CP皂的必備基本材料為植物油、氫氧化鈉和純水。也可以利用精油、乾燥香草及食材等材料，替手工皂添增芳香，或提高有益美容＆健康的功效。

a  b  c

a.植物油（油品）

以植物油脂製作的油。每種油對於美容和健康有益的成分各不相同，而手工皂的性質也多半取決於植物油。想提高保溼力就用橄欖油，希望起泡容易就選用椰子油等。挑選植物油是作皂的一大重點，詳見P.84至P.87的介紹。

b.氫氧化鈉

又稱苛性鈉，是強鹼化合物。常溫下呈現顆粒狀結晶。由於特性劇烈，處理上必須格外謹慎。氫氧化鈉吸收空氣中的水分後會發熱，直接接觸肌膚會造成灼傷，產生化學反應時也會出現刺鼻味，所以作皂過程中一定要配戴乳膠手套、護目鏡和口罩。氫氧化鈉如果持續接觸空氣會吸收空氣中的水分，甚至開始發熱具有危險性，所以處理的動作要快，並在使用完畢後儘速關緊瓶蓋密封。

c.純水

用來溶解氫氧化鈉的純淨水，可前往藥局購買。自來水含有礦物質和不純物，甚至會產生漂浮物，所以不建議使用。礦泉水也不適用。

d  e f

d.精油

萃取植物芳香成分的100％天然液體。詳見P.88至P.92介紹。

e.純露

含精油成分的水。內含成分能增添手工皂的香味和功效。詳見P.18介紹。

f.香草

芳香植物。作皂主要使用乾燥香草，可為手工皂增加色澤和功效。詳見P.93介紹。

⚠ 使用氫氧化鈉的注意事項

● 作皂時請穿著肌膚露出面積少又不怕髒的服裝，有胸襠布的圍裙、乳膠手套、口罩和護目鏡。

● 在通風良好（開窗、開空調等）的環境下作皂。

● 作皂時請勿讓孩童或寵物進入房間。

● 弄灑氫氧化鈉顆粒時切勿驚慌，只要儘快撢落在水槽內，立刻開大量的水沖掉即可。

● 弄灑鹼水時切勿驚慌。先以衛生紙擦拭後，淋上醋（酸）進行酸鹼中和＆以濕抹布擦拭乾淨，最後換條濕抹布再擦一遍。

● 觸碰到肌膚時，請立刻沖水仔細清洗，再以冰塊冰敷。當灼傷傷勢嚴重或噴濺到眼睛時，立刻以大量清水沖洗，然後前往醫院就醫。

● 氫氧化鈉務必存放在寵物和孩童無法觸及的場所，並預先告知家人氫氧化鈉的處理需要嚴加注意。

● 想丟棄剩餘的氫氧化鈉時，不論是當成家庭垃圾丟棄或倒入排水孔都會有危險，請務必諮詢地方自治團體。

CP 皂的基本工具

即使不少作皂工具與烘焙及製菓用具相同，但請勿共用，另外備妥一套作皂專用的工具吧！
並請注意鋁製材質不耐氫氧化鈉及高溫，請勿使用。

■ 保護身體不受氫氧化鈉、皂液等化學物質的刺激＆氣味傷害的裝備

圍裙
保護衣物。建議挑選有胸襠布的款式。

口罩
保護呼吸系統。

眼鏡（護目鏡）
保護眼睛不受刺激。使用蛙鏡亦可。

乳膠手套
保護雙手不受刺激。建議挑選厚且合手的款式較安全。

■ 作皂必備工具

電子秤
請準備以1g為最小單位，能精準測量的磅秤。建議選用電子秤。

不鏽鋼盆 3個
用於製作皂液等。請準備3個容量1至1.5ℓ的盆器，或使用琺瑯碗也OK。鋁、鐵製材質不耐氫氧化鈉，請勿使用。

量杯 3個
用於測量純水、植物油等。請準備足夠測量500㎖的塑膠量杯。

溫度計 2支
請準備可測量到100℃的玻璃溫度計。有時候會需要同時測量植物油＆氫氧化鈉的溫度，因此務必準備2支。

不鏽鋼量匙
用於測量氫氧化鈉、分裝皂液等。務必挑選不鏽鋼製。

不鏽鋼燒杯（1ℓ）
用於製作鹼水。建議挑選耐熱性佳＆具把柄的帶嘴式量杯較為方便，並選擇1ℓ容量的燒杯，以加強製作過程中的安全性。

橡皮刮刀
將皂液倒入皂模時使用。

■後續整理＆晾放熟成的必備工具

醋
事先倒入噴霧瓶內，於後續整理時進行酸鹼中和。

砧板・菜刀
分切手工皂時使用。以料理板＆小刀代替亦可。

紙箱
保溫手工皂時使用，大小必須可容納整塊皂模。以氣泡紙代替亦可。

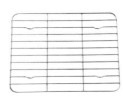

不鏽鋼網架
晾放手工皂等待熟成時使用，以紙代替亦可。但使用報紙等紙張可能會導致文字轉印到手工皂上，所以要使用白紙。

讓製作過程更方便的工具

抽取式面紙
用於擦拭髒污、鋪墊於工作台及後續整理。

保鮮膜
製作鹼水時，以保鮮膜覆蓋不鏽鋼燒杯的杯口，以免刺鼻的氣體擴散到空氣中。

手持攪拌棒
電動攪拌器。用於攪拌皂液可大幅縮短打皂時間，在一次製作好幾種手工皂的情況下，將會事半功倍。

〔 攪 拌 棒 的 使 用 方 法 〕

攪拌棒先貼近鋼盆底部，再開啟電源。切斷電源時，請確認攪拌棒在盆內才能關閉。若在皂液表面開啟電源，皂液可能會飛濺出來，務必特別留意！

迷你打蛋器
製作鹼水時使用，請選擇把柄長度超過不鏽鋼燒杯的高度的打蛋器。以不鏽鋼攪拌棒或玻璃攪拌棒代替亦可。

打蛋器
用於攪拌皂液，請選用不鏽鋼材質。使用電動攪拌棒時，也可以利用打蛋器整平皂液表面。

■各式各樣的皂模

取自日常生活中常見的容器，木製、紙製及塑膠（耐熱容器）製等皆可使用。
使用木製或紙製品時，必須以烘焙紙等耐油&耐水的紙張鋪墊於容器內側。

a…鮮奶紙盒500mℓ

b…優格盒450g

c…優格盒500g

d…豆腐盒（約150至200g）

e…布丁杯

f…大紙杯（180mℓ）

g…小紙杯

h…紙盒（長7×寬10×高8cm）

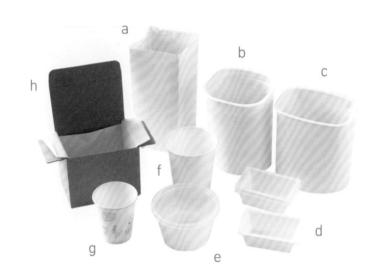

■手工皂的必備工具

乳鉢
用於搗碎香草&種籽等材料。若想研磨成更細的粉末，建議使用研磨缽。

玻璃皿
測量香草等材料，或混和材料時使用。

100mℓ燒杯
加熱蜜蠟&分裝皂液時使用。

迷你橡皮刮刀
製作大理石紋&將皂液舀入小皂模內時使用。

小量匙
測量&添加蜂蜜等材料時使用。

皂章
若想為手工皂加上文字，可使用烘焙用烙印模&藝術字體印章

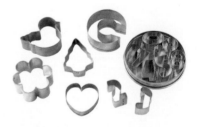

切模
用於將手工皂切取出喜歡的形狀，使用皂用或烘焙用切模皆可。

製作手工皂前必讀的注意事項

⚠ 作業安全守則

1 ┃ 打造適合製作 手工皂的環境

● 由於要處理氫氧化鈉，務必在通風良好的環境下進行作業。並請留意風向來開關窗（迎面風、強風日需關窗），打開換氣扇。

● 勿讓孩童或寵物進入作業現場。由於皂液外觀貌似卡士達醬，孩童很可能會在製作過程中誤食或觸摸，必須特別留意。

3 ┃ 嚴守材料的規定分量

● 想打造一塊好的手工皂，精準計量為致勝關鍵。一旦搞錯材料的分量，就會無法順利產生化學反應。計量切勿心急求快，所有材料都要各別測量，切勿將量錯的材料倒回原本的容器內。

● 計量單位為公克（g）。由於植物油和水的比重不同，切勿錯量成cc或mℓ。

● 隨意更改材料種類可能導致作皂失敗。引發化學反應的氫氧化鈉分量，需視植物油的「皂化價」（參見P.81）來決定。若想改變配方中的植物油種類，就必須參見P.81重新計算。

● 皂液的狀態會因為溫度及濕度而改變。熟練打皂的作法後，可以試著配合氣候調整水量；濕度高的夏季可稍微減少水量，較為乾燥的冬季則可視情況稍微增加水量。

2 ┃ 備齊作皂工具 身穿完整裝備

● 將作業場所鋪上報紙等紙張，確認必要材料、工具和皂模齊全後，將器具配置在方便作業的位置。

● 使用過的用具都要清洗乾淨，保持衛生清潔。

● 處理氫氧化鈉時，請換穿少量露出肌膚的衣服＆繫上圍裙。

● 配戴眼鏡（護目鏡）和口罩，雙手套上乳膠手套。

※習慣作皂後，對於氫氧化鈉特性劇烈的危機意識就會變得薄弱。縱然毋須太過心存畏懼，但也不能疏於確認氫氧化鈉的注意事項（P.61）。

4 ┃ 化學反應 要保持適當溫度

● 想要植物油和鹼水（氫氧化鈉＋水）順利引起化學反應，就得重視溫度管理，製作時的室溫要維持在25℃左右。

● 鹼水起化學反應的最佳溫度為40至45℃。鹼水和植物油必須在相同溫度（介於40至45℃，加入蜜蠟則為60℃）下混和，直到皂液倒入皂模的這段期間，都要維持本溫度。

● 進行保溫（作皂後24小時）時，保溫箱要放在不易變溫的場所。天冷時最好替手工皂覆蓋毛巾等加強保溫。保溫後進入熟成期時，保溫狀態下的室溫最好儘量保持在20至25℃，注意避免高溫潮溼和低溫。

CP皂基本作法

準備俱全後，便來動手挑戰手工皂吧！
此範例作品是使用橄欖油、椰子油和棕櫚油等三種植物油，搭配薰衣草精油的薰衣草皂。
以下作法為本書所有CP皂的基本作法。

再次確認！

- ☐ 室內環境已確保通風。
- ☐ 孩童或寵物無法闖入現場。
- ☐ 已戴好圍裙、口罩、護目鏡、乳膠手套。
- ☐ 必要材料＆工具已準備齊全。

薰衣草皂

使用滋潤肌膚的橄欖油、
可產生細緻綿密泡沫的椰子油、不易溶化變型的棕櫚油，
混合三種植物油製作而成，是平衡性良好的基本手工皂。

事前準備

材料

皂模：a〔P.64〕　　　純水…119 g
橄欖油…130 g　　　氫氧化鈉…44 g
椰子油…110 g　　　薰衣草精油…35滴
棕櫚油…100 g

先將固化的植物油隔水加熱至45℃，
進行保溫並待其完全融化。

製作鹼水

測量純水

將量杯放上電子秤後歸零，再緩慢倒入純水測量。

測量氫氧化鈉

將不鏽鋼燒杯放上電子秤後歸零，再以不鏽鋼量匙小心舀起氫氧化鈉，在不灑落的情況下儘速倒入杯中測量。

以保鮮膜包覆燒杯口

將迷你打蛋器放入不鏽鋼燒杯中，並以保鮮膜確實包覆燒杯口，以免氫氧化鈉擴散至空氣中。

純水倒入氫氧化鈉

準備好一盆冷水備用。稍微掀起保鮮膜，將 1 測量好的純水儘快倒入 3 中。

 注意

氫氧化鈉接觸純水的瞬間會產生水蒸氣，溫度也飆升到約90℃，因此切勿徒手觸摸或嗅聞氣味。

充分攪拌至鹼水變透明

倒入純水後，不要撕下保鮮膜，立刻以迷你打蛋器快速攪拌。攪拌時請確實拿穩燒杯以免傾倒，攪拌至氫氧化鈉完全溶解成圖示般的透明鹼水。

以冷水冷卻鹼水

鹼水變透明後，放入溫度計。再將燒杯浸泡在冷水盆中，注意不要以溫度計攪動鹼水，適度換水讓杯內溫度冷卻至 45℃。在等待鹼水冷卻的期間，以另一個不鏽鋼盆燒熱水，預備進行 7 之後的作業。

接續次頁

※在鹼水冷卻期間進行。

7 測量植物油

將量杯放上電子秤後歸零,再緩慢倒入椰子油進行測量。

8 倒入植物油

將7倒入盆內。並依上個步驟相同作法測量橄欖油&棕櫚油,再倒入同一個盆內。

(若使用蜜蠟,請先隔水加熱融化後再倒入盆內。)

9 以橡皮刮刀刮出剩餘油脂

以橡皮刮刀將殘留於量杯的植物油一滴不剩地刮入盆中。

使混合油與鹼水的溫度一致

10 充分攪拌均勻

所有植物油倒入盆中後,以打蛋器輕輕攪拌,完成混合油。

(固態油脂在隔水加熱途中會漸漸融化,所以維持固態狀直接攪拌也OK。)

11 將混合油隔水加熱

將10的混合油隔水加熱,以打蛋器一邊攪拌,一邊溫熱至45℃。此步驟的溫度計請貼靠盆緣或盆底,且不可攪動溫度計。

12 使混合油與鹼水溫度一致

將6鹼水和11混合油的溫度分別調整至45℃,若誤差1至2℃尚可接受。

製作皂液

13

倒入鹼水

將12的鹼水緩緩倒入12的混合油中。倒入鹼水的同時以打蛋器快速攪拌，倒完後隔水加熱至45℃。

14

充分攪拌至Trace

皂液維持45℃，以打蛋器連續攪拌20分鐘，之後間歇性攪拌約2小時，直到皂液呈現Trace。若使用手持攪拌棒（P.63）則無需隔水加熱，以手持攪拌棒跟打蛋器每隔10秒輪流攪拌，持續10至15分鐘。

15

呈現Trace後停止攪拌

所謂Trace狀態，就是皂液呈現像卡士達醬般的濃稠狀態。提起打蛋器時，會在皂液表面留下痕跡，當皂液呈現左下圖的狀態即可停止作業。

重要！

真正的Trace

上圖即為Trace狀態。如果忽略掉Trace而攪拌過度，皂液會過硬無法灌入皂模內。提起打蛋器時，皂液若殘留在打蛋器上無法滑落，就代表攪拌過度。如果在皂液尚未Trace前就入模，則會無法順利熟成。如果氫氧化鈉分量不足也會無法形成Trace而導致前功盡棄，請格外留意。

16

加入精油

皂液呈現Trace後，加入精油&以打蛋器攪拌均勻。

入模

17

倒入皂模

小心避免皂液潑濺，一鼓作氣地倒入皂模。保險起見也可以先在皂模下方鋪墊廚房紙巾。

接續次頁 ▶

將剩餘皂液舀入模中

以橡皮刮刀集中盆內殘留的皂液，舀入模內。盆內的皂液請儘量刮乾淨。

消除皂液內的空氣

入模完畢後，輕敲皂模消除皂液內的空氣。

※敲打時注意別讓皂液潑灑出來。

封口

以洗衣夾＆保鮮膜等密封皂模。

後續整理

進行保溫

將密封好的皂模放入紙箱後封蓋，擺在溫度穩定的場所保溫24小時。

Point!

氣溫低時，可以用毛巾或抹布等覆蓋手工皂。

以廚房紙巾擦拭工具

以廚房紙巾將殘留在工具上的皂液擦拭乾淨。切勿將皂液直接倒入排水口，也不要徒手觸摸擦拭過的紙巾，請裝入塑膠袋中後丟棄。

噴灑醋

將所有工具全面噴灑醋，進行酸鹼中和。

清洗用具

以舊肥皂或中性廚房洗潔劑清洗用具。

手持式攪拌棒的清洗方式

關掉電源，先以廚房紙巾拭去殘留在握柄上的皂液，再以500㎖的量杯裝5㎖的中性清潔劑、穀物醋20㎖、半杯熱水，接著把攪拌棒浸泡在溶液內，開啟電源清洗不鏽鋼線棒。洗完後，再以溫水沖洗3至4次即可。

脫模

經過24小時後，從箱中取出皂模。確認皂液凝固後，戴上乳膠手套取出成皂，再晾乾2至3日。如果成皂仍柔軟不易脫模，可繼續靜置2至3日後再脫模。

Point!

晾皂一周後將成皂翻面，使皂體徹底風乾。如果成皂冒汗，請移至通風良好、濕氣不重的場所。

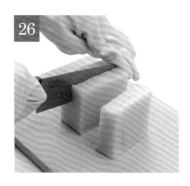

切皂

戴上乳膠手套，以菜刀將成皂分切成適宜的大小。

晾乾熟成

將分切好的成皂排列在不鏽鋼製網架上，擺放在通風良好的陰暗場所晾乾，靜置4至6週等待熟成。當按壓成皂中央時，感覺皂體堅硬不凹陷便代表熟成完畢。

進行肌膚測試

在正式使用之前先搓揉起泡，將皂沫抹在手臂內側＆放置1分鐘，肌膚沒有變紅或出現刺激感就沒問題。若有異樣感，待手工皂再熟成1周後，重新進行肌膚測試以確認狀況。

手工皂的保存方式

常溫下的使用期限為半年至一年，但建議在二至三個月內使用完畢。手工皂容易隨著時間氧化，如果無法在短期內用完，建議以廚房紙巾包覆肥皂＆放入塑膠容器等密封，並放入冰箱保存，使用前再自然解凍，此方法可保存一至二年。在使用保存一陣子的手工皂之前，請先確認是否有變色或異味，若感覺不太對勁就停止使用。

作法比CP皂更平易近人

動手製作MP皂

將融化的皂基倒入皂模中,凝固即完成!皂基通常是透明無色或白色無香味,
請利用精油&香草等材料點綴手工皂,享受作皂的樂趣。

基本材料

基本必備材料只有皂基。
以微波爐加熱皂基後,
再將精油&香草等各式各樣材料加入皂液中。

a

b

a.皂基(左·白色&右·透明)
皂基含有肌膚保溼成分的甘油。在此以微波爐融
化成皂液後使用。

b.植物油(荷荷芭油)
塗抹在皂模上,方便成皂脫模。以橄欖油等不易
氧化變質的油品代替也OK。

精油
為手工皂增添香味&作用(P.88)。

香草
為手工皂增添色彩&作用(P.93)。

基本作皂工具

製作過程不需氫氧化鈉等特性劇烈的材料,
所以不需作皂專用工具。

c / d / e

c.量杯
500㎖。以耐熱容器等代替亦可,但若使用微波爐不可使用金
屬容器。

d.玻璃棒
以迷你打蛋器等代替亦可。

e.皂模
市售的MP皂專用皂模。以果凍&布丁等製菓專用杯,或塑膠
容器等代替亦可。

電子秤·網架
微波爐(或隔水加熱用的鍋具)
砧板·菜刀

MP皂的基本作法

備齊材料&工具後,開始動手製作基本MP皂吧!
以下作法為本書所有MP皂的基本作法。作皂程序比CP皂簡易許多,也不會用到氫氧化鈉所以沒有危險。

香芹小鳥皂

將香芹碎末加入融化的透明皂液中,
重新打造散發清爽香氣的鮮綠手工
皂。搭配柑橘系精油,更可進一步提
升神清氣爽的感受。

材料

MP皂模·鴿子 1個
皂基·透明…75g
香芹(粉末)…1小撮
甜橙精油…2滴
葡萄柚精油…2滴
天竺葵精油…1滴
荷荷芭油…適量

事前準備 ▶

事前準備 ▶

以油塗抹皂模
為了讓成皂順利脫模，先以廚房紙巾等沾取荷荷芭油後塗抹皂模。

製作皂液 ▶

分切皂基
以菜刀將皂基分切成小塊狀。

加熱融化
將 1 放入塑膠量杯後秤重，再以微波爐加熱融化（設定 500W，每 50g約 20 秒）。或隔水加熱融化也 OK。

添加精油
待皂基完全融化後，加入精油&以玻璃棒快速攪拌均勻。

入模 ▶

倒入皂液
將 3 倒入皂模的一半高。

加入香草
將 4 灑上香芹。

乾燥 ▶

倒入剩餘皂液
待皂液表面稍微凝固後，將剩餘的3確實倒至皂模開口處。

脫模
擺放在陰涼處2至3個小時就會自然冷卻。成皂冷卻並徹底凝固後，便可脫模取出。

晾乾
將脫模的成皂擺在通風良好的環境下3至4天，完全乾燥即完成。

使用氫氧化鉀1天就能完成

動手製作液體皂

雖然多數材料&工具與CP皂相同,但「鹼化」材料是以氫氧化鉀先製作出「皂糊」,再稀釋成皂液使用,一天就能完成為魅力所在。但氫氧化鉀特性劇烈,請務必牢記注意事項,小心謹慎地進行操作。此外製作過程中也會使用酒精,若對酒精過敏也要格外留意。

液體皂基本材料

皂糊的必備基本材料是植物油、氫氧化鉀與純水。
進行稀釋時,可添加精油&香水等材料來增添香氣,提高對美容及健康有益的功效。

a.植物油　參見P.84

b.氫氧化鉀(85%)

別名苛性鉀,是強鹼化合物,常溫下為固態結晶。本書使用濃度85%的氫氧化鉀,由於特性劇烈,所以處理上務必特別留意。
※作皂過程中一定要配戴手套、護目鏡和口罩。

⚠ 氫氧化鉀的處理方式與 P.61 的氫氧化鈉的注意事項相同,請務必事先熟讀!

c.e.純水　參見P.61。以純露(P.92)取代純水進行稀釋也OK。

d.無水酒精

高純度的酒精。具有促進鹼化縮短時間的作用,可前往藥局等通路購買。

f.精油・香水

本書使用的精油介紹詳見P.88至P.92,香水則視個人喜好選用。

g.檸檬酸

用於中和皂液,可於藥局&網路商店購得。

液體皂基本工具

與P.62介紹的CP皂工具大致相同,但由於少了熟成的步驟,因此不需熟成、保存與切皂的工具。以下為液體皂才會用到的工具。

保存用密封容器
用於保存皂糊,建議使用耐熱性容器。

pH酸鹼試紙
浸漬液體便能測量出其酸鹼濃度溶劑的試紙。主要用於稀釋液體皂時,作為測量酸鹼中和的基準。可從藥局&網路商店購得。

液體皂的基本作法

準備就緒後，便動手挑戰製作液體皂吧！
範例作品是以橄欖油&椰子油兩種植物油製作的液體皂。

基礎洗手液

材料

皂糊：約350 g
橄欖油…100 g
椰子油…100 g
純水…100 g
氫氧化鉀（85%）…53 g
無水酒精…60 g
　追加無水酒精…30 g

稀釋材料
（每100g皂糊的對應用量）
純水…100 g

酸鹼值緩衝劑
檸檬酸…約5 g
純水…50mℓ

【皂糊的作法】

準備

分別測量60g・30g的無水酒精，然後覆蓋上保鮮膜。

調製混合油

1　將燒杯擺在秤上，分別測量植物油，再依序慢慢倒入不鏽鋼盆內。並以相同作法測量純水。

2　將盆內的油品隔水加熱至約75℃。

製作鹼水

3　將不鏽鋼燒杯放在秤上，以量匙舀起氫氧化鉀測量分量。精準測量是作皂的一大重點喔！

4　以保鮮膜確實覆蓋燒杯後，略微掀開一角，緩慢地加入純水。由於倒入水後杯內溫度會急速升高，並出現刺鼻異味，請特別留意。
※以氫氧化鉀製作鹼水時，請儘可能緩慢地操作。

5　從杯緣插入玻璃棒，以免掀開保鮮膜。一手從上方壓住杯口固定保鮮膜，另一手持玻璃棒攪拌溶解氫氧化鉀。

接續次頁

完全溶化呈現透明後，讓鹼水冷卻到60至70℃。

分別測量2植物油＆6鹼水的溫度。當2呈現75℃，6呈現60至70℃就OK。

確認溫度後，將鹼水緩緩倒入植物油內，再以打蛋器快速攪拌。

一邊隔水加熱，一邊以打蛋器輕輕攪拌。溫度將近85℃時會冒出浮沫，但無需撈除，待升溫至85℃即可停止加熱。

加入60g無水酒精。
※10至14會有酒精揮發，因此要特別留意。

以打蛋器輕柔攪拌。本步驟出現泡沫＆刺鼻異味屬正常現象，切勿驚慌失措。

圖示為泡沫膨脹的狀態。當泡沫快要外溢時，立刻停止攪拌。

待泡沫消退後，加入追加的30g無水酒精。

以橡皮刮刀等工具將盆內每一處攪拌均勻。持續攪拌20分鐘，直到呈現黏稠的果凍狀，提起刮刀會略微垂落的程度即可。完成後稍微靜置，讓酒精揮發。

移裝至密封容器中保存。

為了讓酒精揮發，蓋瓶蓋時不要完全封死。

以毛巾或薄紙裹住密封容器，保溫1日後，皂糊就完成了！之後密封瓶蓋可保存1至2年

【稀釋皂糊】

將量杯放在秤上，先倒入純水測量，再加入皂糊測量。

輕輕覆上保鮮膜，隔水加熱至沸騰，再以小火持續加熱至皂糊完全融化。或不隔水加熱，擺放1日待其溶化亦可。

在50㎖的純水中加入1/2小匙的檸檬酸，並充分攪拌讓檸檬酸完全溶於水中，製作檸檬酸水。

在2中加入約1小匙的檸檬酸水，攪拌均勻。

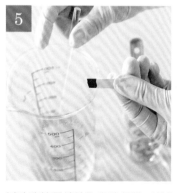

以玻璃棒尾端沾取皂液輕點pH試紙，根據紙上的顏色判斷pH值。當pH值為9.5至10.5表示狀態OK，如果不在範圍內，請重複步驟4來調整酸鹼值。調整完畢後，便可添加自己喜歡的香味。

圖示中試紙的顏色為正確的pH值。酸鹼中和的鹼度太低時，可稍微增添些皂糊來調整酸鹼值。

基礎液體皂完成！移裝至壓瓶等容器內即可自由使用。

手工皂色票表

為手工皂添加天然染色素材，渲染出你想要的色彩吧！

本篇介紹的是添加天然的色粉＆香草等染色素材時，CP皂和MP皂各自呈現的色彩樣本。

但手工皂的實際成色效果，會因為使用的植物油而有所不同。

手工皂色彩＆天然染色素材

在此以使用100％橄欖油的CP皂＆僅以融化皂基的皂液製作的MP皂為代表，
並以成皂200g的分量為基準來調配染色素材。素材介紹＆計量方法參見P.80。

手工皂的種類／ 素材（使用分量）	CP皂	MP皂（白色）	MP皂（透明）
黃 〔用量〕 氧化鐵黃 $\frac{1}{10}$cc			
橘 〔用量〕 氧化鐵黃 $\frac{1}{10}$cc×2 ＋群青粉紅 1cc			
粉紅 〔用量〕 群青粉紅 1cc			
紅 〔用量〕 氧化鐵玫瑰棕 $\frac{1}{10}$cc的$\frac{1}{2}$			
藍 〔用量〕 群青藍 $\frac{1}{10}$cc			

手工皂的種類／ 素材（使用分量）	CP皂	MP皂（白色）	MP皂（透明）
紫 〔用量〕 群青藍⅟₁₀cc+ + 群青粉紅1cc			
綠 〔用量〕 群青藍⅟₁₀cc×2+ + 氧化鐵黃⅟₁₀cc×2			
肉桂 〔用量〕 肉桂 肉桂粉1cc			
德國洋甘菊 〔用量〕 德國洋甘菊粉1cc			
薑黃 〔用量〕 薑黃粉1cc			
蕁麻葉 〔用量〕 蕁麻葉粉1cc			

天然染色素材&計量方法

一般手工皂都是以天然素材氧化鐵&香草粉來染色。
以下將重點介紹本書使用素材&計量方式。

■計量必備工具

使用能測量細微分量的微量藥匙。
以下為 $\frac{1}{10}$ cc、$\frac{1}{2}$ cc、1cc 的微量藥匙。

色粉等材料,需在藥匙上充分壓
實,才能精確量取分量。

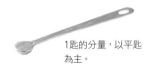

(從上往下)
1cc藥匙・$\frac{1}{2}$ cc藥匙
$\frac{1}{10}$ cc藥匙

微量藥匙

1匙的分量,以平匙
為主。

■天然染色素材

氧化鐵黃

將天然的有色礦物氧化鐵加
工成粉末,可染色成暗沉的
黃色。

氧化鐵玫瑰棕

與氧化鐵黃同樣是源自天然
礦物的色素粉末,可染色成
帶紅的棕色。

群青粉紅

將名為群青的礦物加工成粉
末,可染色成鮮豔的粉紅
色。

群青藍

群青粉末,可染色成鮮豔的
藍色。

肉桂粉(參見P.94)

德國洋甘菊粉(參見P.93)

薑黃粉(參見P.94)

蕁麻葉粉(參見P.93)

變更植物油的種類＆用量
自由打造個人原創手工皂

每種植物油的「皂化價」各不相同，若想變換配方中的植物油就必需重新計算

雖然我們鼓勵作皂初學者依書中材料進行製作，但在駕輕就熟後，也可以自行改變植物油的種類＆配方來製作原創手工皂。
由於每種植物油脂肪酸的種類及含量相異，因此特徵也各不相同。善用油品各自的優點親手打造原創手工皂，也是作皂的魅力所在。

自行調配手工皂配方時，必須注意各種植物油「鹼化」時的氫氧化鈉消耗量的差異值，本數值也被稱為「皂化價」。每1g油品鹼化的氫氧化鉀（苛性鉀）消耗量是以mg表示。而製作CP皂使用氫氧化鈉的作法，就必須換算皂化價。請運用下列計算公式，算出需要的氫氧化鈉量吧！

氫氧化鈉的需要量計算＆減鹼（discount）

〔 基 本 算 式 〕

植物油的分量（g）　✕　皂化價　✕　0.713　÷　1000　＝　氫氧化鈉的必要消耗量（g）

※各類植物油的皂化價，參見P.85至P.87。

例）使用皂化價191的100g橄欖油，以及皂化價254的80g椰子油作皂時

橄欖油　　　$100×191×0.713÷1000＝$約**13.6**g
椰子油　　　$80×254×0.713÷1000＝$約**14.4**g

13.6g＋**14.4**g＝**28**g

根據本算式得出的氫氧化鈉必要消耗量為 28 g 。

接下來要進行「減鹼」，減少氫氧化鈉添加量。
所謂減鹼，是減少作皂時氫氧化鈉消耗量，留下少許油脂的作法。
減鹼的目的是降低鹼性成分帶給肌膚的刺激，讓植物油發揮保溼力等特徵。
一般手工皂的配方中，會將氫氧化鈉消耗量扣除5至15%。

氫氧化鈉消耗量（g）　✕　85〜95%　＝　氫氧化鈉實際添加量

以作皂配方減鹼15%為例

28g✕**0.85**＝**23.8**g　※小數點第一位四捨五入。

根據算式得出氫氧化鈉實際添加量為 24 g 。

※氫氧化鉀（含量為85%）則不需要減鹼，以下列算式計算即可。
　植物油的分量（g）×皂化價÷1000÷0.85＝氫氧化鉀添加量（g）

手工皂常見 Q&A 2

Q

如何處理過度攪拌的皂液？

A 不小心Trace過度時，先靜置1日。由於此時皂液會呈現黏土狀，所以可戴上乳膠手套，直接透過揉圓（圖a）或取模（圖b）等方式塑型後靜置熟成＆風乾，就能當成肥皂使用。反之，若皂液呈現油水分離，不論怎麼攪拌都無法Trace時，不妨先靜置1至2日；如果還是毫無凝固跡象，只好比照家庭廢油的處理方式，先用報紙吸乾廢油，再放入像牛奶紙盒或雙層塑膠袋內，另行處理丟棄。

a

b

Q

可以自行更換配方內的精油嗎？
請教我裝飾方法。

A 若想依個人目的＆喜好更換精油時，建議僅限使用2至3種，且總量不得超過配方精油的總滴數。如安息香等特定種類的精油，香味會因為強鹼而減弱，或柑橘系精油的香氣也會在熟成過程中減弱，因此建議添加依蘭依蘭等香氣濃郁的精油來延續香味。至於敏感肌使用者，應避免添加刺激性強的精油，如檸檬和佛手柑等含光敏性成分的精油，也要挑選不具誘發光敏性成分的FCF（furocoumarin free）類型。為皂液添加精油前，也建議先以試香紙（Mouillette）確認調配的精油香味。

Q

孩童或嬰兒可以使用
手工皂嗎？

A 未滿3歲的孩童由於抵抗力弱，所以手工皂不宜添加精油。為避免過多成分引起非預期的肌膚問題，建議儘量使用如P.10的山茶花油皂等單油品手工皂。即便是3歲以上孩童，最好也避免添加會對孕產婦、年長者及敏感肌使用者太過刺激的精油，並減少精油的用量。且使用手工皂前，一律都要進行肌膚測試。

Q

手工皂完成後香味卻消失了，
是否有辦法恢復香味？

A 精油是具有揮發性的芳香成分，香味有時會在熟成過程揮發。只要將手工皂的表面切除，或搓揉起泡，便能聞到手工皂內裡飄散出來的香味。

製作手工皂的
天然素材

手工皂的質感＆洗後感皆取決於配合的植物油，
亦可添加精油＆香草等天然素材及食材，
展現手工皂多采多姿的魅力。
請在本單元熟悉各種素材的特性＆使用方法吧！

Plant Oil 植物油

肥皂是植物油和氫氧化鈉起化學反應（鹼化）衍生的產物，植物油是不可或缺的作皂材料。
肥皂的個性取決於皂內有效成分的性質，
想製作出符合目的的手工皂，就必須了解各材料的特性。
本篇將介紹各種常用植物油的基本性質，請依據次頁植物油的說明，自行選擇作皂用油。

‖ 植物油的基礎知識 ‖

特徵

植物油是源自植物的油脂，藉由壓榨植物種籽和果實，或浸泡在其他油品中製成浸泡油等方法製作。富含維他命、礦物質、必須脂肪酸等有益美容健康的成分，種類與含量則因油而異。手工皂內含的成分不僅會為肌膚、心情帶來功效，也會大幅影響洗後使用感、起泡度及成皂硬度等。

選購&處理方式

前往芳療專賣店就能購買到植物油。但植物油會隨著時間增加而劣化，因此建議採買必要分量即可。使用新鮮的植物油，才能將油品魅力發揮得淋漓盡致，因此購買時一定要確認好標籤上的使用期限。一旦植物油接觸到空氣就會開始劣化，所以千萬別把倒出來植物油倒回原本的容器中，計量務必謹慎。並於使用後立刻關閉蓋子，且切記要儘早使用完畢。

有效成分

植物油的有效成分中，與肥皂特性有莫大關係的是脂肪酸。脂肪酸分為飽和脂肪酸和不飽和脂肪酸，當皂內富含月桂酸、肉豆蔻酸等飽和脂肪，就會製作出不易氧化、不易軟化的手工皂。若皂內富含油酸、亞油酸、亞麻酸等不飽和脂肪酸，就會製作出易氧化、易溶解，洗後感滋潤的手工皂。只要這些脂肪酸的含量調配得宜，便能製作出符合個人喜好的手工皂。

保存&使用期限

植物油的使用期限，普遍為未開封狀態下從製造日起算1至3年內。開封後必須在2週至4個月內使用完畢。植物油不耐熱、空氣和紫外線，擺在悶熱或有光照的場所都會導致劣化，請存放在陰涼處，同時也要避免異物混入。尤其像是玫瑰果油等氧化速度快的植物油，建議擺在冰箱保存。一旦植物油出現異味就代表已氧化，必須立刻停用。處理廢油時請勿直接將廢油倒入排水孔，應該以舊報紙等浸入廢油，待紙張吸盡油脂後，當成可燃垃圾丟棄。

⚠ 使用前的注意事項

● 使用植物油前，一定要進行皮膚測試（P.71）。將少量植物油塗抹於手臂內側，觀察1至2天，若皮膚有變紅、搔癢等情況發生，請立刻停止使用。

● 椰子油及棕櫚油等植物油，低於常溫就會產生懸浮物或呈現白色固體狀，所以於低溫下作皂時，可先將油倒入容器內隔水加熱後再使用。

🌢 Plant Oil
植物油小檔案

本篇將介紹書中使用到的植物油、蜜蠟和油脂。
初學者建議先從三種容易處理的基本植物油開始嘗試配方。

Top3 基本皂用油

橄欖油〔皂化價 190〕

提煉自橄欖果肉，是最受歡迎的皂用植物油。主要成分油酸含量高達70%以上，所以穩定性高洗淨力強。不僅對肌膚溫和，同時也有滋潤效果。

▶P.6麥蘆卡蜂蜜皂、P.8純橄欖油潤膚皂等，本書多項作品皆廣泛應用。

椰子油〔皂化價 254〕

提煉自椰子果肉的植物油。含有能提高起泡度及洗淨力的月桂酸，且具有使成皂質地堅硬，不易溶解的優點。但對肌膚具刺激性，需留意用量。

▶P.9乳油木果脂滋潤皂、P.14奇亞籽×摩洛哥堅果油皂等，本書多項作品皆廣泛應用。

棕櫚油〔皂化價 198.5〕

提煉自油棕紅色果肉的植物油，多半作為作皂材料。富含棕櫚酸，因此成皂質地堅硬不易溶解。且具有豐富的維他命E，有助於滋養美肌。

▶P.7澳洲茶樹×檜木香氛皂、P.9乳油木果脂滋潤皂等，本書多項作品皆廣泛應用。

賦予手工皂個性魅力的植物油

酪梨油〔皂化價 212〕

提煉自酪梨果肉的植物油。富含油酸、維他命等成分，營養價值高，適合護膚。油酸的作用可帶來溫潤洗後感，但整體質地黏性強，建議與其他油品混合調配。

▶應用於P.22酪梨油&甜杏仁油潤膚皂。

山金車浸泡油〔皂化價 193〕

山金車是生長在高山地帶的菊科植物，普遍以向日葵油浸泡其花朵進行萃取的浸泡油。

▶應用於P.15薑×山金車浸泡油皂。

蓖麻油〔皂化價 180〕

提煉自蓖麻的植物油，和名為蓖麻子油（ヒマシ油）。富含蓖麻子油酸，具有高黏度。保溼效果卓越。經常作為基礎化妝品的材料。

▶應用於P.39香水洗手液。

山茶花油〔皂化價 193〕

提煉自山茶花種籽,自古以來被日本視為護髮聖品,是款廣受喜愛的植物油。山茶花及橄欖油的主成分皆為油酸,具有易滲透肌膚、高保溼力及防止紫外線的效果,不易氧化也是一大優點。

▶應用於P.10山茶花油皂、P.26散沫花×山茶花洗髮皂。

葡萄籽油〔皂化價 187〕

提煉自釀酒用葡萄種籽的植物油。含有亞麻油酸,可對肌膚能發揮保水作用,創造輕盈清爽的洗後感。

▶應用於P.19葡萄籽油潔膚皂。

甜杏仁油〔皂化價 194〕

提煉自甜杏仁的果仁,是極易搭配使用的植物油。不僅油酸含量高,還有豐富的亞麻油酸及維他命,可使肌膚柔軟飽滿且具有高保溼力。由於刺激性低,任何膚質皆適用。

▶應用於P.22酪梨油＆甜杏仁油潤膚皂、P.27馬尾草洗髮皂。

芝麻油〔皂化價 190〕

提煉自芝麻種籽的植物油。主成分為油酸＆亞麻油酸,且富含維他命E及礦物質,可防止紫外線和促進代謝。不易氧化。用於作皂建議選擇非食用級的未經焙炒的芳療級芝麻油。

▶應用於P.23芝麻調味粉磨砂皂。

澳洲堅果油（夏威夷堅果油）〔皂化價 195〕

提煉自堅果種籽的植物油。其特殊成分棕櫚油酸與人體皮脂內的成分相同,因此肌膚滲透性極佳。主成分為油酸,很推薦乾燥肌膚使用。

▶應用於P.6麥蘆卡蜂蜜皂。

紅棕櫚油〔皂化價 197〕

提煉自油棕紅色果肉的植物油（未精製油）。與棕櫚油含有同樣脂肪酸,以及豐富的胡蘿蔔素、維他命E。可改善肌膚粗糙及傷口。

▶應用於P.36紅棕櫚柑橘皂。

玫瑰果油（透明）〔皂化價 190〕

提煉自玫瑰果種籽的植物油。主成分是能維持肌膚水分，締造滑溜洗後感的亞麻酸。富含維他命E‧K，推薦用於預防細紋＆老化。由於氧化速度快，必須存放於冰箱。

▶應用於P.21玫瑰果油皂。

金盞花浸泡油〔皂化價 193〕
（以向日葵油浸泡萃取）

將金盞花浸泡在植物油中進行萃取的浸泡油，以美麗的橙色為特徵。植株所含成分具抗菌＆殺菌作用，且能幫助改善肌膚乾燥及修復發炎，經常用於護膚。皂化價會依浸泡萃取的植物油種類而改變。

▶應用於P.11金盞花皂。

聖約翰草浸泡油〔皂化價 193〕
（以向日葵油浸泡萃取）

將聖約翰草的花浸泡在植物油中進行萃取的浸泡油。向日葵油能強化皮膚的免疫系統，及促進皮膚再生（亞油酸的功效），推薦油性肌＆敏感肌使用；聖約翰草則進一步提供了浸泡油舒緩肌膚搔癢、發炎和疼痛的功效。皂化價會依浸泡萃取的植物油種類而改變。

▶應用於P.32聖約翰草皂。

蜜蠟（未精製）〔皂化價 90〕

蜜蜂分泌的蠟。雖然不是植物油，但保溼力優異，可舒緩發炎等症狀，廣泛應用於作皂等香氛手作品。蠟的成分可使手工皂質地硬實。

▶應用於P.36紅棕櫚柑橘皂。

乳油木果脂〔皂化價 188〕

提煉自乳油木果實的油脂。保溼力佳，對藥品和化妝品而言是珍貴材料。含有硬脂酸，可製作出不易溶化的手工皂。在常溫下為固態，溫度高於體溫就會融化。

▶應用於P.9乳油木果脂滋潤皂、P.21玫瑰果油皂。

可可脂（可可白脫）〔皂化價 193〕

提煉自可可豆的油脂。含有豐富的棕櫚酸＆硬脂酸，在常溫下呈固態，可製作出硬質手工皂。且因含有油酸，洗後感滋潤。相當不易氧化，適合長期保存。

▶應用於P.22酪梨油＆甜杏仁油潤膚皂、P.50慶生皂。

Essential Oil

精油

精油是提煉自植物的100%純天然揮發性芳香物質，在此主要是為手工皂增添香味。
依各種精油不同的特性，也會賦予手工皂不同的香氛&功效。

‖ 精油的基礎知識 ‖

功效

精油的芬香成分中，具有鎮定情緒、提振情緒等各式各樣的功效。芬香成分會由呼吸，或經由皮膚進入血管，於體內循環並影響全身。

處理方式

添加精油時，將精油瓶傾斜45度，於不搖晃瓶身的情況下等待精油自然滴下。精油濃縮了天然成分而具強烈刺激性，請避免直接接觸肌膚，若不慎觸碰到，請以肥皂水沖洗乾淨。

保存&使用期限

精油的品質保存期限以瓶身上標示的日期為準，開封後約在一年內使用完畢（柑橘系為三個月至半年）。使用後請緊閉瓶蓋，直立存放於無高溫&潮濕&日光直射等不利因子的陰涼環境。

⚠ 精油的使用注意事項

- 使用前請務必進行肌膚測試。參見P.71，以植物油稀釋至1%以下，塗抹在手臂內側觀察1至2天；若皮膚有發紅、搔癢等情況發生，請立刻停止使用。調配基準建議為植物油5㎖配合精油1滴（0.05㎖）。
- 使用量過多可能反而會引發肌膚問題，所以務必遵守用量基準。

- 孕婦、高血壓&腎臟病等患者、3歲以下嬰幼兒應避免使用精油手工皂。
- 精油嚴禁口服。萬一不慎口服，請立刻以大量清水漱洗口腔&喉嚨，若身體感到不適則立即就醫。

Essential Oil　本書使用精油

【東方香調】
依蘭依蘭
學名：*Cananga odorata*

萃取自依蘭依蘭樹花朵的精油。洋溢著異國情調的甜香，據稱有催情效果，以提高女性魅力聞名。能夠舒緩壓力和悲傷，讓心情歡愉，同時也有調整皮脂平衡的作用。

▶應用於P.26散沫花×山茶花洗髮皂、P.36紅棕櫚柑橘皂、P.38複方花香皂。

【柑橘香調】
甜橙
學名：*Citrus sinensis*

萃取自甜橙果皮的精油。香味清爽甘甜，是柑橘香調代表性的精油，具有舒緩壓力和緊張，賦予疲憊身心活力的功效。同時也有放鬆精神及引導安眠的作用。

▶應用於P.49情人節甜點皂、P.50慶生皂。

【柑橘香調】
葡萄柚FCF
學名：*Citrus paradisi*

萃取自葡萄柚果皮的精油。酸中帶甜的清爽香味，使人心情豁然開朗且煥然一新，為內心帶來幸福感受。且具有促進脂肪燃燒的成分，能緊實肌膚，更有排毒作用。FCF代表不含光敏性成分香柑內酯&呋喃香豆素。

▶應用於P.23芝麻調味粉磨砂皂。

※對肌膚具刺激性，需酌量使用。

【東方香調】
檀香（白壇）
學名：*Santalum album*

萃取自檀香樹木心部位的精油。和名為白壇，熟悉的香味令人打從內心深處感到安穩。軟化肌膚的美肌功效也備受矚目。

▶應用於P.22酪梨油＆甜杏仁油潤膚皂。

【花香調】
德國洋甘菊
學名：*Matricaria chamomilla*

萃取自德國洋甘菊花的精油。散發濃郁的微甜香味。由於成分中含有母菊天藍烴，因此精油呈現美麗的深藍色。

▶應用於P.6麥蘆卡蜂蜜皂。

【辛香調】
薑
學名：*Zingiber officinale*

萃取自生薑根莖部位的精油。具有生薑渾然天成的辛辣香味，能使人感覺敏銳＆提高集中力。可有效促進血液循環及出汗，還有改善畏寒，舒緩肩膀僵硬及腰痛等效果。

▶應用於P.15薑×山金車浸泡油皂、P.23芝麻調味粉磨砂皂。

※對肌膚具刺激性，需酌量使用。

【草本香調】
馬鬱蘭
學名：*Origanum majorana*

萃取自馬鬱蘭葉的精油。微甜又帶點辛辣的香氣，具有紓解孤單感、消除壓力的功效。也可以促進血液循環，使肌膚活性化，改善畏寒＆婦女病。

▶應用於P.32聖約翰草皂。

【草本香調】
綠薄荷
學名：*Mentha spicata*

萃取自整株綠薄荷的精油。具有比胡椒薄荷更溫和的冰涼甜香，能有效振作心情，舒緩緊張引起的頭痛。

▶應用於P.37天然鹽・海藻・礦泥皂。

※對肌膚具刺激性，需酌量使用。
※嬰幼兒、孕婦及哺乳婦女請勿使用。

【花香調】
天竺葵（玫瑰天竺葵）
學名：*Pelargonium graveolens*

萃取自天竺葵葉片的精油。隱約散發貌似玫瑰香味的草本香。具有撫慰沉重情緒、使人心情飛揚的效果。由於也能平衡皮脂分泌，舒緩搔癢＆發炎，因此也常作為護膚用途。

▶應用於P.17歐石楠花草皂、P.22酪梨油＆甜杏仁油潤膚皂、P.27馬尾草洗髮皂、P.33菩提花蜂蜜皂、P.38複方花香皂、P.48 快樂比翼鴛皂、P.51 母親節皂。

【草本香調】
百里酚百里香
學名：*Thymus vulgaris*

萃取自整株百里香的精油。抗菌效果卓越，在百里香家族之中以澄澈銳利的草本香味為特徵。

▶應用於P.7澳洲茶樹×檜木香氛皂。

【木質香調】
澳洲茶樹
學名：*Melaleuca alternifolia*

萃取自澳洲茶樹樹葉的精油。由於殺菌＆抗菌力優異，最適合加入外出後及餐前清洗雙手產品的配方之中。清新涼爽的香氣可重振心情，還有舒緩曬傷＆燙傷發炎的作用。

▶應用於P.7澳洲茶樹×檜木香氛皂、P.25檸檬尤加利×澳洲茶樹礦泥皂、P.27馬尾草洗髮皂、P.45澳洲茶樹洗手液。

※對肌膚具刺激性，需酌量使用。

【木質香調】
歐洲赤松
學名：*Pinus sylbestris*

萃取自歐洲赤松針葉及毬果的精油。具有清爽的森林香氣，能撫慰疲憊的心靈。殺菌效果優異，據稱有舒緩呼吸系統發炎＆感染症的效果。

▶應用於P.16紅礦泥大理石紋皂。

※對肌膚具刺激性，需酌量使用。

【東方香調】
廣藿香
學名：*Pogostemon cablin*

萃取自廣藿香葉片的精油。令人聯想到草原＆泥土的特殊異國情調香氣，可以摒除心中雜念、提高判斷力。且具有舒緩肌膚搔癢＆發炎的功效，也有防蟲效果。

▶應用於P.14奇亞籽×摩洛哥堅果油皂、P.37天然鹽・海藻・礦泥皂。

【辛香調】
香草
學名：*Vanilla planifolia*

萃取自香草莢的精油。如為甜點增添香氣的「香草精」般熟悉的甜香會帶來幸福感。但由於刺激性強，需酌量使用。

▶應用於P.48快樂比翼鴿皂、P.50慶生皂。

※對肌膚具刺激性，需酌量使用。

※香氣濃郁強烈，需酌量使用。

【花香調】
玫瑰草
學名：*Cymbopogon martinii*

萃取自玫瑰草葉片的精油。與天竺葵相同，具有貌似玫瑰的香味，可以鎮定浮躁的情緒，使心情開朗。具有調節肌膚水分＆皮脂平衡的效果，經常應用於抗老化＆緊實肌膚的美容用途。

▶應用於P.17歐石楠花草皂、P.36紅棕櫚柑橘皂、P.38複方花香皂。

【木質香調】
檜木
學名：*Chamaecyparis obtuse*

萃取自檜木木心的精油。清爽怡人的香味令人身心放鬆。泡澡時使用便能體會如浸入檜木桶中般的氣氛。抗菌・除臭・防蟲效果佳，驅蟲效果也很好，據說也有促進肌膚活性化的功效。

▶應用於P.7澳洲茶樹×檜木香氛皂、P.16紅礦泥大理石紋皂、P.52父親節皂。

※對肌膚具刺激性，需酌量使用。

【柑橘香調】
苦橙葉
學名：*Citrus aurantium*

萃取自苦橙枝葉的精油。甜中帶有青澀苦味的香氣，可使疲憊感一掃而空，且具有平復憤怒及起伏的情緒的效果。除了常用於香水之外，除臭效果也值得期待。

▶應用於P.6麥蘆卡蜂蜜皂、P.40德國洋甘菊蜂蜜皂、P.57柚子皂。

【樹脂香調】
乳香
學名：*Boswellia carterii*

萃取自乳香樹脂的精油。自古以來被當作祭壇&寺院的薰香使用。對於悲傷和忐忑不安的情緒有強力的鎮靜效果。還能幫助肌膚活性化，抗老效果也備受矚目。

▶應用於P.14奇亞籽×摩洛哥堅果皂、P.22酪梨油&甜杏仁油潤膚皂、P.40德國洋甘菊蜂蜜皂。

【草本香調】
胡椒薄荷
學名：*Mentha piperita*

萃取自胡椒薄荷葉片的精油。散發著如牙膏、除臭劑等熟悉的清涼薄荷醇香氣，能夠抑止興奮，使頭腦清明提高專注力。同時也有降溫作用，可舒緩青春痘&曬傷，具有減輕疼痛的效果。

▶應用於P.24抹茶薄荷皂、P.26散沫花×山茶花洗髮皂、P.48快樂比翼鴿皂。

※對於身心&肌膚具刺激性，需酌量使用。

※懷孕&哺乳期間請勿使用。

【柑橘香調】
佛手柑FCF
學名：*Citrus bergamia*

萃取自佛手柑果皮的精油。柑橘香調中略帶花朵般的優雅甜香。能舒緩重度憂鬱&緊張，放鬆效果極佳。同時也有殺菌作用，可改善濕疹&痘痘肌。FCF代表不含帶有光敏性的香柑內酯&呋喃香豆素。

▶應用於P.36紅棕櫚柑橘皂、P.55貝殼皂。

※對於肌膚具刺激性，需酌量使用。

【木質香調】
尤加利（桉樹）
學名：*Eucalyptus citriodora*

萃取自尤加利葉片的精油。薄荷系的清涼香氣能刺激腦部，提高專注力。殺菌・抗菌・除臭效果極佳，在花粉過敏季相當受到矚目。檸檬尤加利還多了尤加利所沒有的柑橘香調。

▶應用於P.25檸檬尤加利×澳洲茶樹礦泥皂、P.32聖約翰草皂。

※對肌膚具刺激性，需酌量使用。

※高血壓患者&兒童請勿使用。

※懷孕期間請勿使用。

【柑橘香調】
柚子（水蒸氣蒸餾法）
學名：*Citrus junos*

萃取自柚子果皮的日本產精油。清爽甜香可幫助穩定心神，促進積極情緒，也能消除焦躁不安。具有保持肌膚水潤、改善血液循環＆促進新陳代謝的作用。應用於沐浴配方也有改善畏寒＆消除疲勞的功效。

▶應用於P.57柚子皂。

【花香調】
薰衣草
學名：*Lavandula officinalis/*
Lavandula angustifolia

萃取自真正薰衣草的精油。清爽沉穩的花香味可緩和緊張＆壓力，很適合用來放鬆。也有舒緩疼痛及炎症的功用。

▶應用於P.33菩提花蜂蜜皂、P.35薰衣草大理石紋皂、P.43薰衣草寵物皂等。

【柑橘香調】
檸檬FCF
學名：*Citrus limon*

萃取自檸檬果皮的精油。清爽尖銳的香味能讓心情煥然一新，恢復冷靜＆提高專注力。應用於肌膚保養則有提高新陳代謝，打造明亮美肌的效果。FCF代表不含帶有光敏性的香柑內酯＆呋喃香豆素。

▶應用於P.42番茄檸檬廚房用洗手皂。

※對肌膚具刺激性，需酌量使用。

【柑橘香調】
檸檬香茅
學名：*Cymbopogon flexuosus/*
Cymbopogon citratus

萃取自檸檬香茅葉片的精油。是泰式料理常用的香料，帶有類似檸檬的草本香味。具有重振身心疲憊、消除不安＆壓力的作用。推薦用於調整皮脂平衡、潔淨肌膚、消除肌肉疲勞＆水腫。

▶應用於P.7澳洲茶樹×檜木香氛皂、P.15薑×山金車浸泡油皂、P.19葡萄籽油潔膚皂。

【花香調】
大馬士革玫瑰
學名：*Rosa damascene*

將大馬士革玫瑰花朵以水蒸氣蒸餾法進行萃取，是50朵玫瑰才能取得1滴的珍貴精油。令人陶醉的芳醇香氣，具有使消極情緒轉變成積極的功效。也有促使肌膚再生＆緊實肌膚的作用。

▶應用於P.20玫瑰皂。

【草本香調】
迷迭香
學名：*Rosmarinus officinalis*

萃取自迷迭香葉片的精油。因提高專注力＆記憶力的清新香氣而備受矚目。同時也有促進血液循環、抗氧化、賦予肌膚彈性，及促進健康毛髮生長的效果。帶有桉油醇舒暢怡人的香氣。

▶應用於P.14奇亞籽×摩洛哥堅果皂、P.16紅礦泥大理石紋皂、P.31迷迭香皂等。

※對肌膚具刺激性，需酌量使用。

※懷孕＆哺乳期間請勿使用。

Herb

香草

利用芳香植物的乾燥香草為手工皂增添色調&質感,便會散發與精油截然不同的魅力。除了可以將香草研磨成粉狀混合在手工皂中,也可以浸泡在純水&油品內,萃取其精華使用。

‖ 香草的基礎知識 ‖

功效

香草&精油同樣具有以植物調劑身心的功效。運用在作皂方面,可將香草浸泡於油品中萃取有效成分,或活用香草質感直接加入皂內使用。若想改善使用的舒適感,可自行以乳缽將香草研磨成細粉末,或直接購買市售香草粉(參考以下香草材料的右側)。

保存&使用期限

大多數香草的使用期限為製造日期起算三年。使用後請裝入密封容器中,存放在無高溫&潮溼等不利因子的陰涼場所。拆封後請好好保存,儘早使用完畢。如發現變色等劣化狀況,請勿繼續使用。

Herb ## 本書使用的香草簡介

德國洋甘菊

帶有微甜的香辛料味,可穩定心靈,滋潤乾燥肌膚。

▶應用於P.40德國洋甘菊蜂蜜皂。

馬尾草

富含礦物質,有緊實肌膚的作用,也能幫助健康毛髮生長。

▶應用於P.27馬尾草洗髮皂。

蕁麻葉

洋溢清爽的草香,含有維他命C、鐵等礦物質。還能緩解炎症。

▶應用於P.37天然鹽‧海藻‧礦泥皂等。

香芹

富含維他命C。具有滋潤乾燥肌膚&調整肌膚狀態的功效。

▶應用於P.72香芹小鳥皂。

歐石楠(Erica)

含有具美白作用的熊果素,可促進代謝&緊實肌膚。

▶應用於P.17歐石楠皂。

金盞花(Mary's Gold)

抗菌&收斂效果卓越,可改善搔癢。還能替手工皂上色。

▶應用於P.11金盞花皂等。

薰衣草

香味具有極佳的放鬆效果。亦具有殺菌作用,可幫助提昇免疫力,還能舒緩炎症。

▶應用於P.26散沫花×山茶花洗髮皂。

菩提花

高貴的甜香具有消除情緒焦躁不安的效果。在意肌膚細紋&乾燥問題時可使用。

▶應用於P.33菩提花蜂蜜皂。

玫瑰果

乾燥的犬薔薇果實。富含維他命C,可促進老化肌膚再生。

▶應用於P.21玫瑰果皂等。

粉紅玫瑰花

具有令心情豁然開朗的優雅香味。適用於任何膚質,可發揮出類拔萃的美容效果。

▶應用於P.20玫瑰皂。

迷迭香

神清氣爽的香氣可促使腦部活性化,驅除睡意。有助於改善肌膚,是以恢復青春聞名的香草。

▶應用於P.31迷迭香皂等。

紅玫瑰

散發能撫慰人心的馥麗玫瑰香氣,是打造美肌的強力夥伴。

▶應用於P.49情人節甜點皂。

自然素材

日常生活中有許多能應用於作皂的天然素材。
本篇將介紹各種能為手工皂增添顏色＆改善洗後感等，
肌膚容易吸收的天然素材。

食品粉末

原理同於香草粉末，是將食用的天然素材乾燥後研磨成粉末狀後使用。
使用天然素材可替手工皂增添素材原有功效＆調色，打造出使用感舒適的優質手工皂。

海藻粉

將昆布研磨成粉末後使用。含有礦物質＆維他命。

▶應用於P.37天然鹽‧海藻‧礦泥皂。

可可粉

適合拿來增添香味＆染色，是最常見的素材。巧克力的甜香令人心滿意足。

▶應用於P.49情人節甜點皂。

肉桂粉

香辛料的香味能在心情沮喪時為人加油打氣。除了能溫暖身體外，也有幫助排汗、抗菌及強身的功效。

▶應用於P.50慶生皂等。

薑粉

將生薑研磨成粉末後使用。具有溫暖身體＆令意識清醒的作用。

▶應用於P.15薑×山金車浸泡油皂。

薑黃粉

將薑黃的根研磨成粉末後使用。具有抗氧化作用，防止肌膚老化＆美白等效果。

▶應用於P.53聖誕應景皂。

抹茶粉

主成分兒茶素具有殺菌＆除臭效果。同時也有抗氧化作用，能預防皮膚氧化，保持青春的彈性肌膚。

▶應用於P.24抹茶薄荷皂。

礦泥粉

將主成分為礦物的黏土製作成粉末狀後使用。
吸收＆吸附力強，具有維持肌膚清潔＆緊實肌膚的效果。

摩洛哥礦泥粉

產自北非摩洛哥的天然黏土。具有出色的保溼力，能洗去皮脂＆汗水等產生的汙垢。

▶應用於P.25檸檬尤加利×澳洲茶樹礦泥皂。

蒙特石礦泥粉

產自南法蒙莫里永地區的天然黏土。富含礦物質，可清除肌膚老舊廢物。刺激性低，最適合敏感肌膚使用。

▶應用於P.37天然鹽‧海藻‧礦泥皂。

紅礦泥粉

含高比例鐵質的紅褐色天然黏土。富含油分，能使乾燥肌膚＆老化肌膚恢復彈性。

▶應用於P.16紅礦泥大理石紋皂。

染色用素材

天然礦物質顏料（色粉）

將天然礦物等製作成粉末狀的顏料，不僅常用在化妝品等染色，也可應用於手工皂。需以專用的微量藥匙（Micro Spatula）進行測量。本書使用群青粉紅（Ultramarine Pink）、群青藍（Ultramarine Blue）、氧化鐵紅棕、二氧化鈦（參見P.80）。

食用色素

替食品上色的色素，也可以用來染色手工皂。將少量色素加入皂液中，調整顏色使用。本書使用藍色（液態色素）。

▶應用於P.56賞月皂。

食材 ▶ 日常食材也能用來製作手工皂。
一起來認識食材的功效，打造有益身心的手工皂吧！

即溶咖啡粉

具有除臭效果，應用於廚房清潔皂。可用來製作洗後乾爽不黏膩，帶有高雅摩卡色的手工皂。

▶應用於P.52父親節皂。

番茄汁（無鹽）

具有保溼、消炎、收斂等作用，常應用於乾燥肌＆抗老美妝保養品。含有抗氧化的茄紅素。

▶應用於P.42番茄檸檬廚房用洗手皂。

黑芝麻

研磨成砂礫狀，加入肥皂後可用來去除老舊角質。

▶應用於P.23芝麻調味粉磨砂皂。

蜂蜜

可修復受傷＆乾燥粗糙的肌膚，締造水潤光滑膚質。殺菌作用亦可保持肌膚潔淨。

▶應用於P.33菩提花蜂蜜皂。

奇亞籽

原產自南美，是紫蘇科中一種名為芡歐鼠尾草的種籽。含有食物纖維、Omego-3（α-亞麻酸）、Omego-6（脂肪酸）等抗氧化成分。近年以「超級食物」之姿大受歡迎。

▶應用於P.14奇亞籽×摩洛哥堅果油皂。

黑胡椒

辛辣刺激的香氣令人精神為之一振。除了殺菌作用外，還有促進血液循環的功效。

▶應用於P.23芝麻調味粉磨砂皂。

麥蘆卡蜂蜜

從被紐西蘭譽為「療癒樹」的麥蘆卡樹所採集的花蜜。具有高抗菌效果，也能改善肌膚粗糙乾燥，是備受矚目的「超級蜂蜜」。

▶應用於P.6麥蘆卡蜂蜜皂。

脫脂奶粉

清洗後可使肌膚水潤光滑。帶有隱約的奶香味，可製作對肌膚溫和不刺激的手工皂。

▶應用於P.12兒童專用脫脂奶粉皂。

天然鹽

含有礦物質，可促進排汗＆排出體內毒素，也可以製作去角質的磨砂膏。建議挑選細緻的鹽粒。

▶應用於P.37天然鹽・海藻・礦泥皂。

柚子皮粉末

能有效促進血液循環、新陳代謝，及改善畏寒等。柑橘系的清爽香氣可使心情煥然一新。

▶應用於P.57柚子皂。

國家圖書館出版品預行編目資料

親膚手工皂基礎實作講義 / 梅原亞也子著；
亞緋琉譯. -- 初版. -- 新北市：雅書堂文化，
2018.11
　面；　公分. -- (愛上手工皂；9)
ISBN 978-986-302-452-1(平裝)

1.肥皂

466.4　　　　　　　　　　107015829

愛上手工皂 09

親膚手工皂基礎實作講義

作　　者／梅原亜也子
譯　　者／亞緋琉
審　　定／約瑟芬
發 行 人／詹慶和
總 編 輯／蔡麗玲
執行編輯／陳姿伶
編　　輯／蔡毓玲・劉蕙寧・黃璟安・李宛真・陳昕儀
執行美編／陳麗娜
美術編輯／周盈汝・韓欣恬
出 版 者／雅書堂文化事業有限公司
發 行 者／雅書堂文化事業有限公司
郵撥帳號／18225950
戶　　名／雅書堂文化事業有限公司
地　　址／新北市板橋區板新路206號3樓
電　　話／(02)8952-4078
傳　　真／(02)8952-4084
網　　址／www.elegantbooks.com.tw
電子郵件／elegant.books@msa.hinet.net

2018年11月初版一刷　定價 380 元

新版「生活の木」の手作り石けんの基本
©Ayako Umehara 2017
Originally Published in Japan by Shufunotomo Co., Ltd.
Translation rights arranged with Shufunotomo Co., Ltd.
Through Keio Cultural Enterprise Co., Ltd.

經銷／易可數位行銷股份有限公司
地址／新北市新店區寶橋路235巷6弄3號5樓
電話／(02)8911-0825
傳真／(02)8911-0801

Staff 日本原書製作團隊

・協助企劃／平川知子・新垣奈々・伊東裕美
・協助作皂／千葉昭子・松田まり子
・裝幀／大藪胤美（Phrase）
・內文設計／岩瀬恭子・川內栄子（Phrase）
・攝影／
　松木潤（主婦之友社攝影課）〈封面・P.6・7・14・15・61至71〉
　佐山裕子（主婦之友社攝影課）〈P.18・39・45・74至77〉
　DNP Media・Art〈P.78至80〉
　梅澤仁〈上述以外的部分〉
・造型／澤入美佳
　〈不含以下部分：封面・P.6・7・14・15・18・39・45〉
・插圖／永田勝也（P.88至92）
・責任編輯／森信千夏（主婦之友社）
・協助攝影／UTUWA
・〒151-0051 東京都渋谷区千駄ヶ谷3-50-11
　明星ビルディング1F

〈協力〉

株式会社 生活の木

從全世界51個國家的社群貿易＆32個國家的合作農園
中，嚴選有機栽培的香草＆精油等產品直接進口，從事
香草・芳療產品的製造批發銷售。在日本設有120家直
營店，並經營香草花園、沙龍、學苑等（截至2017年5
月）。店內售有精油、芳療產品、香草等與芳療相關的
所有用品。

〈生活の木 總公司〉
東京都渋谷区神宮前6-3-8
營業時間：9:00～18:00（六・日・國定假日公休）
http://www.treeoflife.co.jp
※氫氧化鈉＆氫氧化鉀，僅原宿表參道店鋪提供販售。

●氫氧化鈉・氫氧化鉀・無水酒精・純水可前往藥局購買。
注意：使用氫氧化鈉＆氫氧化鉀時，請特別小心處理（參見P.61）！

〈參考文獻〉（以下書名皆為暫譯）
《我的第一本芳療入門書》《最新版 芳療植物圖鑑聖經》（皆為佐々木薫監
修／主婦之友社）、《手作保養品和泡澡劑的絕佳配方集》（古後匡子著／
主婦之友社）、《手工皂和美妝品 享受香草和精油的芳香》（好喝兼顧美容
的養生香草茶》（皆為佐々木薫監修／池田書店）、《手作宣言！！使用天然
素材打造手作保養品》（佐々木薫監修／双葉社）、《自製橄欖油皂和馬賽
皂「享受泡澡愉悅」の教科書》（前田京子著／飛鳥新社）、《手工皂配方
繪本》（前田京子著／主婦與生活社）、《對肌膚及頭髮有益的32種手工皂
配方》（小幡有樹子著／祥伝社）、《美人養成沐浴時光 手作身體香氛保養
品》（篠原直子著／文化出版局）、《天然舒適的手作美妝品和手工皂》（福
田みずえ監修／成美堂出版）

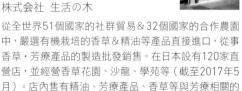